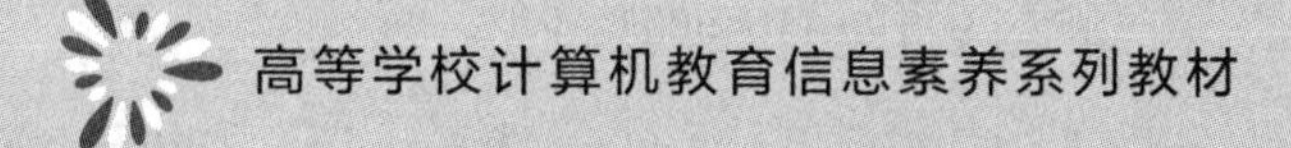

大学计算机基础实践

（第2版）

包勇 罗维长 ◎ 主编

吴杏 邓建青 张保庆 唐诗 ◎ 副主编

人民邮电出版社

北京

图书在版编目（CIP）数据

大学计算机基础实践 / 包勇，罗维长主编. -- 2版
. -- 北京 : 人民邮电出版社，2022.1（2023.8重印）
高等学校计算机教育信息素养系列教材
ISBN 978-7-115-58632-2

Ⅰ. ①大… Ⅱ. ①包… ②罗… Ⅲ. ①电子计算机－高等学校－教材 Ⅳ. ①TP3

中国版本图书馆CIP数据核字(2022)第015334号

内 容 提 要

本书依据《高等学校计算机基础教学发展战略研究报告暨计算机基础课程教学基本要求》的指导思想编写，从应用型人才培养中的计算机操作技能培养需求着手，以实践性的任务为导向，引导读者真正掌握日常工作中需要用到的计算机知识和技能。

本书共包括4章。第1章为计算机综合应用基础，主要涵盖计算机资源管理、操作系统基本应用、操作系统的管理、网络基本设置及资源共享、信息获取与交换、办公软件基础共6个任务。第2～4章以Office 2016为平台，共设计了21个基于现实工作情景、从易到难的任务，旨在培养学生的文档编辑软件综合应用能力、演示文稿软件综合应用能力和电子表格软件综合应用能力。

本书适合作为应用型本科高校计算机基础课程的实践教学用书，也可作为职场新人提升计算机应用能力的实践指导书及计算机初学者的自学参考书。

◆ 主　　编　包　勇　罗维长
副 主 编　吴　杏　邓建青　张保庆　唐　诗
责任编辑　刘　定
责任印制　王　郁　马振武

◆ 人民邮电出版社出版发行　　北京市丰台区成寿寺路11号
邮编　100164　　电子邮件　315@ptpress.com.cn
网址　https://www.ptpress.com.cn
三河市祥达印刷包装有限公司印刷

◆ 开本：787×1092　1/16
印张：8　　2022年1月第2版
字数：183千字　　2023年8月河北第6次印刷

定价：29.80元

读者服务热线：(010)81055256　印装质量热线：(010)81055316
反盗版热线：(010)81055315
广告经营许可证：京东市监广登字20170147号

前言

PREFACE

近年来，国内本科高校在进行应用型人才培养时，越来越重视实践教学。人们也越来越清醒地认识到，实践教学是培养学生实践能力和创新能力的重要环节，是提高学生职业素养和就业竞争力的重要途径。计算机基础教学是应用型人才培养体系中培养大学生实践、创新和就业等综合能力不可或缺的重要环节。“大学计算机基础”课程作为应用型本科高校非计算机专业学生的第一门计算机基础教学课程，在培养学生的计算机基础知识和基本实践能力方面具有基础性和引导性的重要作用。

本书的编写团队长期在应用型本科高校从事一线计算机基础教学工作，有着非常丰富的教学经验。在各高校纷纷向应用型本科高校转型的大背景下，我们自 2014 年起便对应用型本科高校的计算机基础实践课程展开研究。经过调查、讨论、研究，我们认为建构主义学习理论非常适合当前应用型本科高校的大学计算机基础实践教学。基于这个理论，我们确定了编写本书需要遵循的 6 条原则。

（1）应将理论体系中的相关知识点解构，再重构成为实用性、目的性较强的实践任务。

（2）任务设置应充分尊重学生已有的经验，尽量避免过多地讲解理论，而是起到引导的作用，充分调动学生学习的主动性，鼓励学生开展探索学习。

（3）对于较为系统化的问题，应分解为学生通过努力可以解决的小问题，分散在各个任务中由易至难、逐步破解。

（4）对于重点和难点，应在不同的任务中以不同的形式重复出现，以帮助学生更好地掌握，融会贯通。

（5）任务的设置应适合不同水平的学生，鼓励学有余力的学生完成难度更高的额外训练。

（6）除了实践任务，学生应学会反思总结，通过实践来加强理论，夯实理论基础。

基于以上原则，2015 年我们的实践教材初步成稿，并在小范围内投入试用。教材经过修改以后，2016 年年底我们开始大范围试用，试用效果非常好，学生反映能够通过该实践教材真正掌握知识与技能，还能提高学习能力。经过两年的充分论证和试用，我们决定将教材正式出版。2021 年，为适应计算机操作系统和办公软件的发展，我们对教材进行了改版。

本书共设计了 27 个任务，包括计算机综合应用基础、文档编辑软件综合应用、演示文稿软件综合应用、电子表格软件综合应用共 4 章，涵盖了日常学习和办公中常用的计算机操作，应用性较强。

本书配备相应的素材，读者可登录人邮教育社区（www.ryjiaoyu.com），搜索本书书号进行查找，在对应页面下载相关资源。

本书由包勇、罗维长担任主编，吴杏、邓建青、张保庆、唐诗担任副主编，本书在编写过程中参考了许多文献和网站资料，在此表示衷心的感谢！

编者

2021 年 11 月

目录

CONTENTS

Chapter 1

第1章 计算机综合应用基础

在信息时代，人们的日常工作、学习都离不开计算机，各行各业、许多岗位都要求员工具备最基本的计算机综合应用能力。计算机综合应用能力包括计算机资源管理，操作系统的应用、设置与管理，网络应用等能力，其中网络应用能力又包括网络基本设置、资源共享、信息获取等能力。本章以当前主流的操作系统Windows 10为基础，引导学习者以任务为学习单元，在真实情景中完成计算机综合应用的基本技能训练。完成全部任务后，学习者将能解决真实工作环境中常见的计算机应用问题。

任务单元

任务1　计算机资源管理
任务2　操作系统基本应用
任务3　操作系统的管理
任务4　网络基本设置及资源共享
任务5　信息获取与交换
任务6　办公软件基础

微课视频

任务 1　计算机资源管理

一、任务简介

资源管理器是帮助用户组织文件和文件夹的有力工具，用户可以用它来查看全部文件或文件夹，创建一个符合自己需求的文件夹结构，还可以移动、复制和删除文件或文件夹，启动应用程序，打印文档和维护磁盘，连接网络，管理其他应用程序等。

本任务包括了解资源管理器的组成部分、基本操作、常用工具的使用等，完成任务后，应达到以下目标。

1. 熟悉新建、选择文件夹。
2. 熟悉复制、移动、删除文件夹。
3. 熟悉文件搜索。
4. 熟悉快捷方式的创建。
5. 熟悉文件压缩。
6. 了解常用热键。

二、主要知识点索引

本任务所涉及的主要知识点如表 1-1 所示。

表 1–1

序号	主要知识点	是否新知识
1	查看磁盘属性	是
2	新建文件夹和子文件夹	是
3	文件搜索	是
4	文件压缩	是
5	快捷方式的创建	是
6	常用热键	是

三、任务步骤

1. 查看磁盘属性：查看 C 盘的文件系统类型、总容量、可用空间及卷标等信息，把 C 盘的卷标设置为“我的系统盘”。

2. 浏览文件（夹）：分别选用大图标、列表、详细信息等方式浏览“C:\Windows”文件夹中的内容，观察各种显示方式的区别；分别按名称、大小、类型和修改日期对“C:\Windows”文件夹中的内容进行排序，观察 4 种排序方式的区别。

3. 新建文件夹和子文件夹：打开文件资源管理器，在“D:\”（或指定其他的盘符）下新建一个文件夹“TEST”，在文件夹“TEST”下建立两个子文件夹“ATUD1”和“ATUD2”，并在“ATUD2”下再建立子文件夹“MS”。

4. 文件夹复制、重命名和创建快捷方式：利用剪贴板将子文件夹“MS”复制到子文件夹“ATUD1”中，并重命名为“LIU”。为文件夹“LIU”创建一个快捷方式，并将该快捷方式移动到文件夹“TEST”下。

5. 设置显示文件扩展名：确保“文件资源管理器”—“查看”—“显示/隐藏”中的“文件扩展名”选项被勾选。

6. 新建文件：在文件夹“TEST”下新建两个空白文本文件“Q1.txt”和“Q2.txt”，在子文件夹“MS”下新建一个空白 Word 文档和一个空白 Excel 工作表，文件名分别是“WQ.docx”和“EQ.xlsx”。

7. 在不同文件夹中复制文件：利用剪贴板将子文件夹“MS”中的“EQ”工作表复制到子文件夹“LIU”下。

8. 在同一文件夹中复制文件再给文件改名：利用剪贴板将“MS”子文件夹中的“EQ”工作表在同一文件夹中复制一份，并重命名为“renEQ”，注意不要改动文件扩展名。

9. 用鼠标手动复制文件：按住【Ctrl】键，直接拖动鼠标，将“TEST”文件夹中的文本文件“Q1”复制到子文件夹“ATUD2”下。

10. 一次复制多个文件：将子文件夹“MS”中的“WQ”文档和“EQ”工作表同时选中，复制到子文件夹“LIU”下，并覆盖同名文件“EQ”。

11. 把文件夹“TEST”整个移动到本地磁盘“E:\”（或指定其他的盘符），以下操作均在文件夹“E:\TEST”中进行。

12. 删除文件（夹）：将文件夹“TEST”中的文本文件“Q2”放入回收站，并将子文件夹“LIU”中的所有文件进行物理删除，注意保留子文件夹“LIU”。

13. 移动文件（夹）：将子文件夹“MS”中的“renEQ”工作表文件移动到“TEST”文件夹下，再将整个子文件夹“MS”移动到文件夹“ATUD1”下。

14. 回收站的使用如下。

（1）恢复到原始位置：进入回收站，将文本文件“Q2”恢复。

（2）清空回收站：将回收站清空。

15. 将文件夹“TEST”重命名为“学号+姓名+s1”。

16. 将文件夹“学号+姓名+s1”压缩为“学号+姓名+s1.rar”。

四、拓展训练

将文件夹“学号+姓名+s1”重命名为“学号+姓名+s1e”，在文件夹“学号+姓名+s1e”中进行如下操作。

1. 搜索文件或文件夹：查找“C:\Windows”中文件名的第 3 个字符为“b”、扩展名为“.dll”且大小为“微小（0～16KB）”的文件，把搜索到的体积最小的一个 DLL 文件复制到文件夹“TEST”中，并以“DLL 文件”为文件名，将搜索条件保存在文件夹“TEST”下。

【提示】搜索时，输入“??b*.dll”作为文件名并指定大小；搜索完成后，使用工具栏中的“保存搜索”命令，可保存搜索条件。

2. 设置文件（夹）属性：将文件夹“TEST”中的文本文件“Q1”和“Q2”的属性设置为只读，子文件夹“ATUD1”和“ATUD2”的属性设置为隐藏。

3. 将文件夹“学号+姓名+s1e”压缩为“学号+姓名+s1e.rar”，然后提交。

五、思考题

1. 物理删除和放入回收站有什么区别？删除 U 盘上的文件能不能恢复？
2. 移动文件（夹）和复制文件（夹）有什么区别？
3. 是否能够看到隐藏后的文件夹？
4. 文件的扩展名有什么作用？
5. 什么叫子文件夹？
6. 通配符有哪些？有什么作用？
7. 剪贴板是什么？
8. 文件操作中常用的快捷键有哪些？
9. 什么是绝对路径？什么是相对路径？
10. “放置在文件夹‘TEST’下”是表示放在文件夹“TEST”下方吗？

任务 2　操作系统基本应用

一、任务简介

操作系统是计算机的核心，不仅管理着计算机系统的软、硬件资源，还能为用户提供友好易用的操作界面，使每个用户都能快速掌握计算机系统的操作。掌握操作系统的基本应用方法，是一切基于计算机的工作的基础。

本任务包括对计算机常用对象的基本操作，各种对象属性的查看、操作系统自带小工具的使用，以及键盘的使用、文字录入，完成任务后，应达到以下目标。

1. 熟悉查看计算机的基本信息。
2. 熟悉图标的排列。
3. 熟悉任务栏的设置。
4. 熟悉设备管理器的更新。
5. 熟悉记事本的使用。
6. 了解特殊字符的录入。

二、主要知识点索引

本任务所涉及的主要知识点如表 1-2 所示。

表 1–2

序号	主要知识点	是否新知识
1	排列图标	是
2	任务栏	是
3	屏幕截图	是
4	计算机基本信息	是
5	设备管理器	是
6	记事本	是
7	键盘的使用及文字录入	是

三、任务步骤

1. 在桌面上新建文件夹“学号+姓名+s2”。

2. 在桌面上创建“Word”应用程序的快捷方式图标，并将 Windows 的桌面图标按项目类型自动排列。

3. 把“计算器”“便签”小工具固定到“开始”屏幕，并置于同一小组中，将该组命名为“小工具”。

4. 设置自动隐藏任务栏，在“任务栏设置”的“开始”菜单中，将“网络”显示在“开始”菜单上。

5. 使用【PrintScreen】键获取屏幕快照，运行画图软件，将屏幕快照粘贴后，以“桌面.jpg”为名保存到文件夹“学号+姓名+s2”中。

6. 用鼠标右键单击“此电脑”，在弹出的菜单中选择“属性”，查看计算机的基本信息。

7. 打开设备管理器，更新网络驱动器的驱动。

8. 打开系统自带的记事本工具。

9. 在记事本中另起一行，输入如下框中的内容。

> I'm a student!
> I'ｍａｓｔｕｄｅｎｔ！
> I AM A STUDENT!
> ——你好，我预订的图书有《西游记》《Office 2010》等。我的证件号是 20165232594。
> ——好的，请付款￥52.00，并发邮件到 ww_123@qq.com。

10. 将该文档以“文字录入.txt”为名保存到文件夹“学号+姓名+s2”中。

11. 将文件夹“学号+姓名+s2”压缩为“学号+姓名+s2.rar”，然后提交给老师。

四、拓展训练

1. 利用“显示设置”对话框设置屏幕分辨率为 1024 像素×768 像素。

2. 利用“个性化”对话框设置屏幕保护程序为“3D 文字”，动态为滚动。

3. 利用操作系统自带的画图工具画一个红色五角星。

五、思考题

1. 操作系统中常用的对象有哪些？

2. 操作系统中每个对象的右键快捷菜单选项有何异同？

3. 操作系统中每个对象的属性有何异同？

4. 操作系统中自带的小工具有哪些？

5. 什么是全角？什么是半角？

6. 中文及中文标点符号是否有半角？

7. 常用的中文标点符号有哪些？

任务 3　操作系统的管理

一、任务简介

操作系统为用户提供人机交互的界面，便于用户对计算机进行使用、设置及管理。操作系统中的 Windows 设置和任务管理器是非常重要的管理工具。Windows 设置是 Windows 为用户提供个性化系统设置和管理的一个工具箱，其中包含的设置几乎控制了 Windows 外观和工作方式的所有参数设置。任务管理器是 Windows 为用户提供的计算机运行状态监控工具，可用于处理简单的软件故障。

本任务包括对 Windows 设置及系统配置工具的操作，完成任务后，应达到以下目标。

1. 熟悉设置、增加和删除输入法。
2. 熟悉鼠标属性的设置。
3. 熟悉安装和删除软件。
4. 熟悉电源属性的设置。
5. 熟悉系统配置的操作。
6. 熟悉任务管理器的操作。

二、主要知识点索引

本任务所涉及的主要知识点如表 1-3 所示。

表 1-3

序号	主要知识点	是否新知识
1	Windows 设置	是
2	鼠标属性	是
3	系统输入法	是
4	电源选项属性	是
5	系统配置	是
6	任务管理器	是
7	进程	是

三、任务步骤

1. 打开设置，如图 1-1 所示，在 Windows 设置上执行如下操作。

（1）打开“时间和语言”对话框，设置系统日期为一个月前的今天，时间为 12:30。

（2）打开“设备”对话框，设置鼠标显示指针轨迹。

（3）将系统的输入法删除到只剩下“中文（简体）—美式键盘”和“中文（简体）—搜狗拼音输入法”，最后增加“微软 ABC 输入法”。

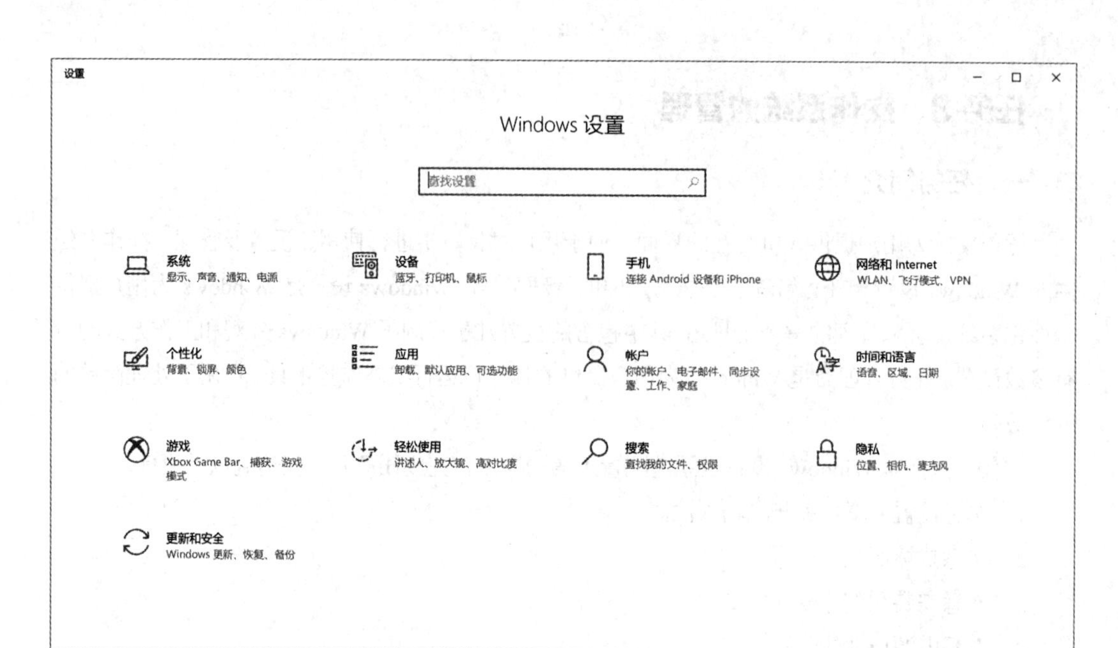

图 1-1

【**提示**】可从“Windows 设置”—“时间和语言”中，选中“语言”，进行删除和添加输入法。

（4）单击文件夹中的“FormatFactory_setup.exe”程序，安装格式工厂软件，然后从设置的“应用”中删除刚安装的软件。

（5）打开“系统”对话框，在“电源和睡眠”中设置电源使用方案为5分钟之后关闭显示器。

2. 启动“任务管理器”，仔细观察其组成并进行如下操作。“任务管理器”界面如图1-2所示。

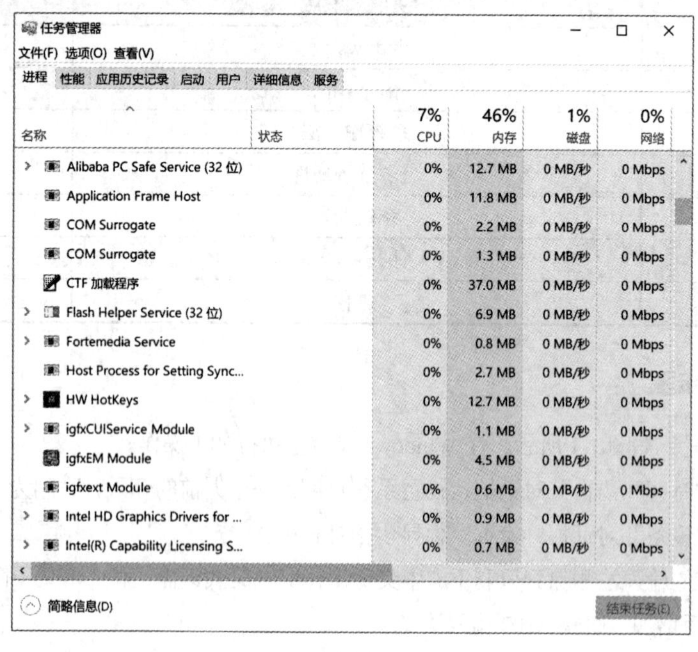

图 1-2

【提示】任务管理器的启动方法为按【Ctrl+Alt+Del】组合键，在弹出的界面中选择“启动任务管理器”选项。

（1）启动“写字板”程序，将新建的文档以“学号+姓名+s3.rtf”命名保存到计算机桌面上以备使用，以下统一将其简称为文档。

（2）查看系统性能，并将其截图保存在文档末尾（截图使用【Alt+PrintScreen】组合键）。

（3）查看使用内存最多的进程，将其名称和内存使用比例录入文档末尾。

（4）查看使用 CPU 第二多的进程，将其名称和 CPU 使用比例录入文档末尾。

（5）关闭进程“explorer.exe”。

（6）运行进程“explorer.exe”。

（7）启动画图工具，然后在任务管理器的“应用程序”选项卡中结束这个任务。

3. 保存“学号+姓名+s3.rtf”文档，并提交给老师。

四、拓展训练

启动“系统配置”，仔细观察其组成并进行如下操作。“系统配置”界面如图 1-3 所示。

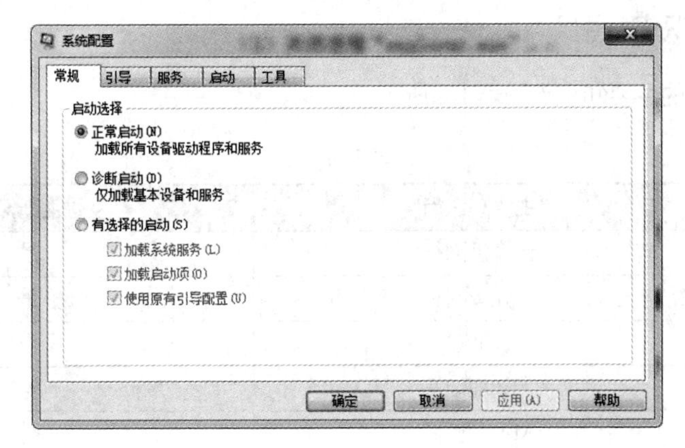

图 1-3

【提示】“系统配置”的启动方法如下：开始—运行—输入“msconfig”—确定。

1. 在“常规”选项卡中将系统设为“诊断启动”。
2. 在“工具”选项卡中启动“资源监视器”进行查看。
3. 禁用全部自启动项目。

五、思考题

1. Windows 设置中有哪些操作系统设置和管理工具？
2. Windows 设置中的工具与操作系统的哪些常用对象的属性有怎样的对应关系？
3. 任务管理器有什么功能？
4. 软件卡死时应如何处理？
5. 如何了解计算机的资源分配及软、硬件运行情况？

任务4　网络基本设置及资源共享

一、任务简介

将地理位置不同且具有独立功能的多个计算机系统通过通信设备和线路互相连接起来，并按照有关协议实现相互通信、资源共享、协同工作的综合系统称为计算机网络。在日常办公中，需要对网络基本设置有一定的了解才可以利用网络进行协同工作及资源共享。

本任务包括查看自己所用计算机的 TCP/IP 的属性信息，测试所用计算机与其他计算机的连接信息，并且完成局域网间的资源共享，完成任务后，应达到以下目标。

1. 学会检查所用计算机的网络设置和 TCP/IP 的属性信息。
2. 了解相关的网络命令，能使用网络命令来查看本机的 IP 地址、物理地址、子网掩码、默认网关和 DNS 服务器。
3. 学会用 ping 命令来测试本计算机与其他计算机的连接信息。
4. 掌握在局域网中共享资源的技能。

二、主要知识点索引

本任务所涉及的主要知识点如表 1-4 所示。

表 1–4

序号	主要知识点	是否新知识
1	计算机网络	是
2	局域网	是
3	TCP/IP	是
4	IP 地址	是
5	MAC 地址	是
6	网关地址	是
7	子网掩码	是
8	DNS 服务器	是
9	网络共享权限的设置	是
10	网络资源的共享	是

三、任务步骤

1. 网络基本设置

（1）打开设备管理器中的“网络适配器”，查看所用计算机安装了哪些网络组件，将其截图并以“图片 1.jpg”为名保存。

（2）查看所用计算机的 TCP/IP 的属性信息，包括 IP 地址、子网掩码、网关地址、域名服务器、网络地址、主机号，将其截图并以“图片 2.jpg”为名保存。

（3）打开控制台，在命令行方式下使用 ipconfig 命令再次查看所用计算机的 TCP/IP 的属性信息，将控制台信息截图，并以“图片 3.jpg”为名保存。

【提示】运行 cmd 进入命令行方式，输入并运行“ipconfig/all”可显示有关信息。

（4）在命令行方式下，使用 ping 命令测试所用计算机与其他计算机的连接信息，通过连接信息判断本机与测试的计算机是否连通，并将测试结果截图，以“图片 4.jpg”为名保存。

【提示】ping 命令的基本语法是“ping 对方计算机 IP”，如“ping 172.**.2.210”；可以运行“ping/?”查看更多用法。

（5）新建一个文件夹，命名为“学号+姓名+s4”。将前 4 步所截取的图片放入该文件夹中并提交。

2. 局域网中的共享资源设置

（1）打开高级共享设置界面

方法：Windows 设置—网络和 Internet—网络和共享中心—更改高级共享设置。

（2）高级共享设置

在高级共享设置界面中，启用当前配置文件的网络发现、文件和打印机共享、公用文件夹共享，关闭密码保护。具体操作如图 1-4 所示。

图 1-4

（3）对指定文件夹进行共享

在所用计算机的 D 盘创建文件夹“Share1”，在文件夹“Share1”中新建一个 Word 文档，文档命名为“学号+姓名”，作为共享的资源。设置文件夹“Share1”为共享文件夹，允许网络用户对该文件夹有“读取/写入”权限。

在 D 盘创建文件夹“Share2”，在文件夹“Share2”中新建一个 Word 文档，文档命名为“学号+姓名”，作为共享的资源，并设置文件夹“Share2”作为共享文件夹，允许网络用户对该文件夹只有“读取”权限。

3. 访问网络中的资源

访问网络中其他用户的计算机，看是否能访问共享的文件夹“Share1”和“Share2”，试着打开里面的 Word 文档，在打开的 Word 文档中写入内容“某某（姓名）访问了你的计算机”，然后保存。

【提示】可右击“开始”—“运行”，弹出图 1-5 所示的“运行”对话框，输入“\\”+对方计算机的 IP 地址，如“\\192.168.1.100”。

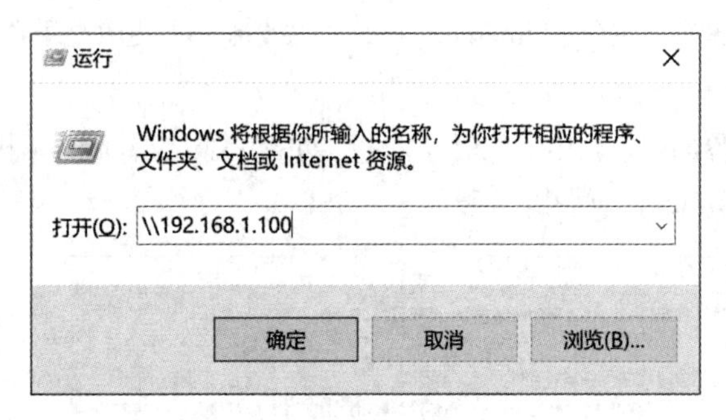

图 1-5

四、拓展训练

1. 将 IP 地址设为 192.168.200.3，观察网络是否通畅。
2. 将 DNS 服务器地址删除，观察网络是否通畅。

五、思考题

1. IP 地址、子网掩码、网关地址、域名服务器、网络地址、主机号分别有何作用？如何修改？
2. IP 地址和 MAC 地址（物理地址）有什么区别？
3. 如何查找网络上的一台计算机？
4. 删除所访问计算机共享文件夹中的文件或子文件夹，能否利用回收站恢复？

任务 5　信息获取与交换

一、任务简介

在信息时代，具备信息获取与交换的能力十分重要，万维网是互联网世界信息的集散地，人们常常使用网页浏览器来获取信息，通过万维网上的电子邮箱及其他网络共享工具来交换信息。

本任务包括网页浏览和电子邮件的使用，完成任务后，应达到以下目标。

1. 掌握 Internet Explorer 浏览器的使用。
2. 熟悉电子邮件及 Outlook Express 的使用方法。
3. 了解腾讯微云等云存储软件的使用方法。

二、主要知识点索引

本任务所涉及的主要知识点如表 1-5 所示。

表 1–5

序号	主要知识点	是否新知识
1	Internet Explorer 浏览器	是
2	电子邮件服务	是
3	收藏夹	是
4	邮件客户端软件 Outlook Express	是

三、任务步骤

1. Internet Explorer 浏览器的使用

（1）启动 Internet Explorer，进入学校主页，将主页上方带有校徽的图片以默认类型用文件名“校徽”保存到自己的文件夹（如“D:\学号\实验 18”）中。

（2）以 IP 地址方式（如 210.**.18.50）访问学校教学资源库网站，把对应网页以类型“Web 档案，单个文件（*.mht）”、文件名“jiaoxue”保存到自己的文件夹中。

（3）由学校主页进入教务处网站（学校主页—教学科研—教务网），在页面右边下载感兴趣的文件（如校历文件）并保存到自己的文件夹中，文件名为“xia”，类型为默认。

【提示】鼠标右键单击超链接“校历”，利用命令“目标另存为”下载并保存。

（4）将教务处网站的一篇新闻内容，以文件名“gonggao.txt”保存到自己的文件夹中。

【提示】选择新闻动态栏目中的一篇新闻的内容，复制到记事本内再保存。

（5）返回学校主页。

2. Internet Explorer 浏览器的相关使用技巧

（1）由学校主页进入图书馆网站，将对应网页添加到收藏夹。

（2）整理收藏夹，对收藏的网址进行归类、修改名称、删除等管理。

（3）把学校图书馆网站首页设置为浏览器主页。

【提示】“工具”—“Internet 选项”—“常规”。

（4）清除计算机上的历史记录，并设置计算机保存浏览网页的历史记录为 5 天，清除计算机上浏览器的临时文件。

【提示】“工具”—“Internet 选项”—“常规”。

（5）关闭网页多媒体选项“播放网页中的视频”“播放网页中的动画”“播放网页中的声音”和“显示图片”，重新打开图书馆首页，观察设置对浏览网页的影响。

【提示】“工具”—“Internet 选项”—“高级”。

（6）查看图书馆首页的 HTML 源文件，并把该源文件另存为“Tsg.txt”文本文件，存入自己的文件夹中。

【提示】菜单“查看”—“源文件”，再选择“另存为”。

3. 利用浏览器收发电子邮件

（1）在浏览器中登录自己的互联网邮箱（如 163 邮箱、新浪邮箱、QQ 邮箱等），给同组的同学发一封关于学习方面的电子邮件，附件为自己文件夹中的文件“gonggao.txt”。

（2）在邮箱中浏览邮箱的帮助信息，找到邮箱在邮件客户端软件中如何设置的信息。

【提示】要特别注意接收邮件服务器、发送邮件服务器的填写，以及发送邮件时是否需要身份验证。如果是 QQ 邮箱等，需开启邮箱的 POP3 功能后，才能在客户端软件上使用邮箱。

（3）接收、阅读并回复同学发来的电子邮件，回复内容为“谢谢，邮件已收到！”。

4. 利用邮件客户端软件 Outlook Express 收发电子邮件

（1）启动 Outlook Express，根据自己的电子邮件服务商提供的帮助信息，在 Outlook Express 中添加个人电子邮箱。

注意：设置时务必在账户属性中勾选“在服务器上保留副本”选项，以便在邮箱中保留原始邮件。

（2）将同学的电子邮箱登记到通信簿中。

（3）按以下要求新建一个电子邮件并发送。

① 主题：资料。收件人：（同组同学的邮箱地址，从通信簿中选择）。抄送：（另一个同学的邮箱地址）。编辑电子邮件正文如下。

同学：你好！

现将上网查到的资料发送给你，见附件。

（ 学生姓名 ）

（ 年 月 日 ）

② 将自己文件夹中的校历文件和教务新闻作为邮件的附件。

③ 把该邮件另存为“fm_exam.eml”文件，保存到自己的文件夹中，发送此电子邮件。

（4）稍后接收同学发过来的电子邮件。

【提示】在网络正常、邮箱名与密码正确的情况下，如果无法发送或接收成功，说明可能邮箱在 Outlook Express 中配置错误，对照前面的帮助信息进行检查。

四、拓展训练

通过网络下载腾讯微云软件并安装，使用 QQ 账号登录，将某个文件上传至微云中，并下载微云文档中的“欢迎使用微云.pdf”文档至计算机桌面。

五、思考题

1. 在网页上单击超链接时，如何确保将要浏览的内容显示在新窗口中？
2. Internet Explorer 浏览器中的“前进”“后退”按钮有何作用？
3. 如何获得某已知域名的计算机的 IP 地址？
4. 如何删除“已删除邮件”文件夹中的所有邮件？
5. 在查看邮件时，如何知道该邮件是否带有附件？如何保存附件？

任务6　办公软件基础

一、任务简介

办公软件指可以进行文字处理、表格制作、幻灯片制作、简单数据库的处理等方面工作的软件。常用的办公软件包括微软 Office 系列、金山 WPS 系列、苹果 iWork 系列等。目前，办公软件的应用范围很广，大到社会统计，小到会议记录。数字化的办公，离不开办公软件的鼎力协助。Microsoft Office 是微软公司开发的一套基于 Windows 操作系统的办公软件套装，是工作中最常用的办公软件，常用组件有 Word、Excel、PowerPoint 等。

本任务包括了解 Office 2016 的工作环境、主要功能、学习方法等，完成任务后，应达到以下目标。

1. 了解 Office 2016 的界面组成要素。

2. 熟悉 Office 2016 三大套件共有的常用功能，包括文件的新建和存储、剪贴板、格式刷、撤销和恢复等。

3. 掌握依靠自我探索开展学习的方式。

二、主要知识点索引

本任务所涉及的主要知识点如表 1-6 所示。

表 1–6

序号	主要知识点	是否新知识
1	Office 2016 三大套件的界面要素	是
2	剪贴板	是
3	文件的新建及存储	是
4	撤销和恢复	是
5	探索学习	是
6	格式刷	是

三、任务步骤

1. 在桌面上建立文件夹“学号+姓名+s6”。

2. 运行 Microsoft Word 2016，在文档 1 中输入“hello office”，将文字设置为红色加粗，并将文档以“hello.docx”为名保存到文件夹“学号+姓名+o1”中。

3. 在 Microsoft Word 2016 中新建空白文档，并以“剪贴板 1.doc”为名保存到文件夹“学号+姓名+o1”中。

4. 将文件“hello.docx”中的文字以纯文本的形式（仅保留文字）粘贴到文件“剪贴板 1.doc”中，保存“剪贴板 1.doc”后，将两个 Word 文档关闭。

5. 在文件夹“学号+姓名+s6”中单击鼠标右键新建 Microsoft PowerPoint 演示文稿，将其重命名为“探索学习.pptx”。

6. 双击打开“探索学习.pptx”文件，完成以下操作。

（1）新建幻灯片。

（2）插入图片“……\素材\第 1 章\1-任务 6\office_logo.jpg”。

（3）将图片的艺术效果设置为塑封。

（4）使用【Alt+PrintScreen】组合键，截取 PowerPoint 2016 窗口快照。

（5）撤销上一步操作。

（6）保存关闭。

7. 运行 Microsoft Word 2016，在“开始”—“最近”选项中选择打开文件“剪贴板 1.doc”，启用剪贴板，将上一步骤中 PowerPoint 2016 窗口截图粘贴在文档末尾并保存。

8. 打开文件“剪贴板 1.doc”，使用帮助查找插入表格的方法，并将该方法复制、粘贴到文档末尾，将文档另存为“帮助.docx”，关闭该文件。

9. 运行 Microsoft Excel 2016，完成以下操作。

（1）在“新建”中搜索模板“销售报表”，并应用模板新建一个工作簿。

（2）将显示比例设置为 50%。

（3）在快速启动工具栏中添加“打开”和“格式刷”命令。

（4）以“Excel01.xlsx”为名，将该工作簿保存到文件夹“学号+姓名+o1”中。

10. 将文件夹“学号+姓名+s6”提交。

四、拓展训练

1. 新建一个 Word 文档，重命名为“学号+姓名+o1e.docx”并保存在计算机桌面上，在此文档中插入一个运动型封面。

2. 保存并提交。

五、思考题

1. Word、PowerPoint 是否有显示比例和快速启动工具栏的设置？

2. Office 软件中共有几种新建文件的方法？有什么异同？

3. Office 软件中共有几种保存文件的方法？有什么异同？

4. Word、Excel、PowerPoint 这 3 个软件常用的文件类型分别有哪些？

5. Office 软件的界面由什么元素组成？

6. Office 软件中的剪贴板是否是通用的？

7. Office 软件中的“文件”菜单有什么异同？其他菜单有什么异同？

8. 如何学习 Office 软件？

综合训练

一、练习 1

在文件夹“s7-1”下完成以下操作。

1. 在文件夹“s7-1”下的文件夹“TRE”中新建名为“SABA.txt”的文件。

2. 将文件夹“s7-1”下的文件夹“BOYABLE”复制到文件夹“s7-1”下的文件夹“LUN”中，并命名为“RLUN”。

3. 将文件夹“s7-1”下的文件夹“XBENA”中的“PRODU.WRI”文件的“只读”属性撤销，并设置为“隐藏”属性。

4. 为文件夹“s7-1”下的文件夹“LI\LZUG”建立名为“KZUG”的快捷方式，并存放在文件夹“s7-1”下。

5. 搜索文件夹“s7-1”中的“MAP.c”文件，然后将其删除。

二、练习 2

在文件夹“s7-2”下完成以下操作。

1. 在文件夹“s7-2”下的文件夹“BCD\MAM”中创建名为“BOOK”的新文件夹。

2. 将文件夹“s7-2”下的文件夹“ABCD”设置为“隐藏”属性。

3. 将文件夹“s7-2”下的文件夹“LING”中的“QIANG.c”文件复制在同一文件夹下，文件命名为“RNEW.c”。

4. 搜索文件夹“s7-2”中的“JIAN.prg”文件，然后将其删除。

5. 为文件夹“s7-2”下的文件夹“CAO”建立名为“CAO2”的快捷方式，存放在文件夹“s7-2”下的文件夹“HUE”下。

三、练习 3

在文件夹“s7-3”下完成以下操作。

1. 在文件夹“s7-3”下新建名为“BOOT.txt”的空文件。

2. 将文件夹“s7-3”下的文件夹“GANG”复制到文件夹“s7-3”下的文件夹“UNIT”中。

3. 为文件夹“s7-3”下的文件夹“BAOBY”设置“隐藏”属性。

4. 搜索文件夹“s7-3”中的文件夹“URBG”，然后将其删除。

5. 为文件夹“s7-3”下的文件夹“WEI”建立名为“RWEI”的快捷方式，并存放在文件夹“s7-3”下的文件夹“GANG”下。

四、练习 4

在文件夹“s7-4”下完成以下操作。

1. 将文件夹“s7-4”下的文件夹“COMMAND”中的文件“REFRESH.hlp”移动到文件夹“s7-4”下的文件夹“ERASE”中，并改名为“SWEAM.hlp”。

2. 删除文件夹“s7-4”下的文件夹“ROOM”中的文件“GED.wri”。

3. 将文件夹“s7-4”下的文件夹“FOOTBAL”中的文件“SHOOT.for”的只读和隐藏属性取消。

4. 在文件夹“s7-4”下的文件夹“FORM”中建立一个新文件夹“SHEET”。

5. 将文件夹“s7-4”下的文件夹“MYLEG”中的文件“WEDNES.pas”复制到同一文件夹中，并重命名为“FRIDAY.pas”。

五、练习 5

完成以下上网操作。

1. 浏览百度首页，将该页面另存到文件夹“s7-4”中，命名为“百度”，保存类型为“网页，仅 HTML（*htm;*html）”。

2. 给你的好友张龙发送一封主题为“购书清单”的邮件，邮件内容为“附件中为购书清单，请查收”。同时把附件“购书清单.docx”一起发送给对方，张龙的邮箱地址为 zhanglong@126.com。

Chapter 2

第 2 章

文档编辑软件综合应用

文档编辑软件是日常办公中常用的工具软件，它通常具有强大的文字处理功能，可用于简单的文字处理，或制作图文并茂的文档，以及进行长文档的排版和特殊版式的设计。本章以日常办公中常用的文档编辑软件 Word 2016 为例，综合应用 Word 2016 的相关知识及操作技能，引导学习者以任务为学习单元，在真实情景中完成文档编辑综合技能训练。完成全部任务训练后，学习者应能胜任真实工作中常见的文档编辑工作。

任务单元

微课视频

任务 1　实习证明

一、任务简介

实习证明是实习单位开具的，证明求职者曾经在该单位实习工作的证明。实习证明上一般有实习期间上级领导对其实习工作的评价或考核成绩，可帮助求职者获得企业更多的关注。

本任务包括对实习证明进行录入、简单编辑、修改等工作，完成任务训练后，应达到以下目标。

1. 熟悉 Word 2016 的工作环境及相关概念。
2. 了解 Word 2016 文本编辑及修改的基本方式。
3. 懂得 Word 2016 中文字基本格式的设置并熟悉其更改方式。
4. 了解 Word 2016 中简单的段落格式设置。
5. 初步了解 Word 2016 的操作。

二、主要知识点索引

本任务所涉及的主要知识点如表 2-1 所示。

表 2–1

序号	主要知识点	是否新知识
1	Word 的基本认识	是
2	文字基本格式设置	是
3	段落基本格式设置	是
4	格式刷	是
5	查找与替换	是
6	页面布局设置	是
7	加密与保护	是

三、任务步骤

1. 启动 Word 2016，新建空白文档。
2. 将文档以“学号+姓名+w1.docx”为文件名保存到计算机桌面上。

【提示】以下操作在文档“学号+姓名+w1.docx”上进行，最终效果如图 2-1 所示。

3. 在文档第 1 行录入“实习证明”作为文章标题。
4. 另起一行，将“正文.docx”文档中所有内容以只保留文本的方式粘贴在此处。
5. 另起一行，插入“结语.docx”。
6. 将文中第 2 段（“该学生实习期间……”）与第 3 段（“兹有机械学院……”）位置互换，然后将两者合并为一个自然段。

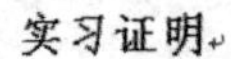

实习证明

兹有机械学院李木子同学于 2021 年 1 月 30 日至 2021 年 6 月 30 日在我司实习，实习岗位是工程师助理（Engineer Assistant）。该学生实习期间工作认真，在工作中遇到不懂的地方，能够虚心向富有经验的前辈请教，善于思考，并能够举一反三。对于别人提出的工作建议，可以虚心听取。在时间紧迫的情况下，加班加点完成任务。能够将在学校所学的知识灵活应用到具体的工作中去，保质保量完成工作任务。同时，该学生严格遵守我公司的各项规章制度。实习时间，服从实习安排，完成实习任务，尊敬实习单位人员，并能与公司同事和睦相处，与其一同工作的员工都对该学生的表现予以肯定。

特此证明。

建工集团

2021 年 8 月 10 日

附件：考核成绩.docx

图 2-1

7. 将文中的“实践”全部替换为“实习”。替换成功后单击“确定”按钮，如图 2-2 所示。

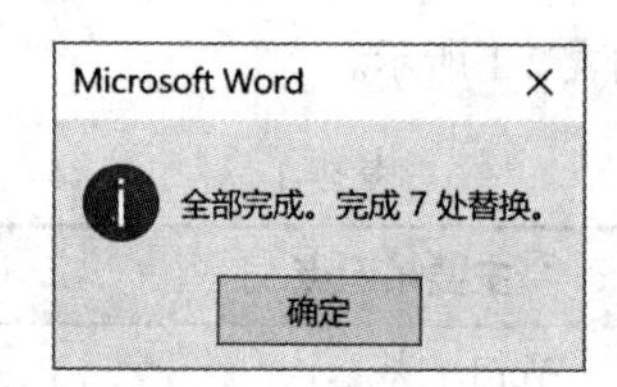

图 2-2

8. 设置文中所有文字的字体，中文设为仿宋，英文设为 Times New Roman。

9. 将第 1 段（即标题）字体格式设置为二号、加粗、红色；段落格式设置为居中对齐、段前间距 1 行、段后间距 1 行。

10. 将第 2 段（正文）和第 3 段（“特此证明。”）字号设置为四号；段落格式设置为两端对齐、首行缩进 2 字符、1.5 倍行距。

11. 落款部分（单位和日期）字号设置为三号；段落格式设置为右对齐、行距设置为固定值 22 磅。

12. 在文本末尾另起一行录入“附件：考核成绩.docx”，然后使用格式刷工具将第 3 段（“特此证明。”）的格式应用到本段中。

13. 将图 2-3 所示位置下的波浪线去除。

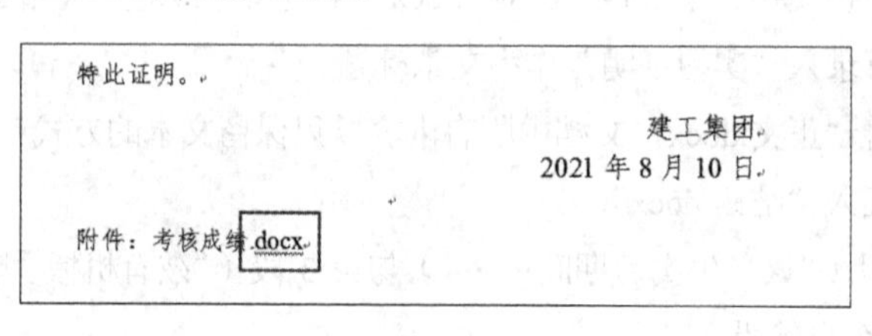

图 2-3

【提示】此处波浪线表示拼写检查错误，单击鼠标右键，选择“忽略一次”即可。

14. 保存文档。

四、拓展训练

将文档“学号+姓名+w1.docx”另存为“学号+姓名+w1e.docx”，在文档“学号+姓名+w1e.docx”中进行如下操作。

1. 在页面设置中，将文档页边距设置为上、下 2 厘米，左、右 2.5 厘米，纸张方向为纵向。
2. 对文档进行加密保护，密码设为 123456。
3. 保存文档。

五、思考题

1. Word 2016 可以用来做什么工作？
2. 常用的文档文件类型有哪些？
3. 不同文档视图模式有什么区别？
4. 什么是文本选定区？如何选定一行、一段和全部文本？
5. 两端对齐和左对齐有什么区别？

六、参照文件

最终效果请参照“实习证明.pdf”。

任务2　公务文书

一、任务简介

公务文书简称公文，它是党政机关、企事业单位、法定团体等组织在公务活动中形成的具有法定效力和规范体式的书面材料。

本任务包括对公文进行制作、编辑、修改等工作，完成任务训练后，应达到以下目标。

1. 熟悉 Word 样式的初步建立和使用方法。
2. 进一步熟悉 Word 中的段落格式设置。
3. 了解 Word 分节、分页及页面设置。
4. 初步认识表格。

二、主要知识点索引

本任务所涉及的主要知识点如表 2-2 所示。

表 2–2

序号	主要知识点	是否新知识
1	文本的编辑	否
2	段落格式设置进阶	是
3	格式刷	否
4	页面布局设置	否
5	分节、分页与分栏	是
6	预览与打印	是
7	表格中的行和列	是
8	样式	是

三、任务步骤

1. 打开文档“投资公司文件（原始）.docx”，以“学号+姓名+w2.docx”为文件名保存在计算机桌面上。

2. 格式复制：使用格式刷将小标题“一、报送范围”的格式复制到其他小标题上（即“二、报送时限”和“三、其他要求”）。

3. 自动编号：将小标题“一、报送范围”下的内容选中，并使用自动添加编号功能添加编号，如图 2-4 所示。

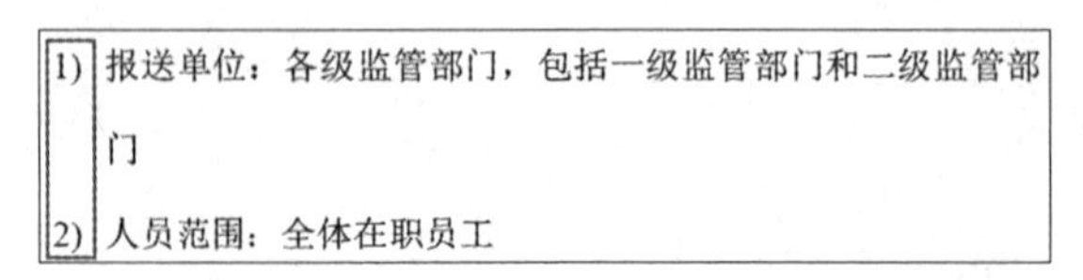

图 2-4

4. 在文档末尾添加一个分节符（下一页）。

5. 单独设置新插入的第 3 页的页面纸张大小为 A4，纸张方向为横向，上、下页边距为 3.17 厘米，左、右页边距为 2.54 厘米。

6. 在第 1、2 页的页眉中添加文字“投资公司公文”，并设置为居中；在页脚中添加普通阿拉伯数字为页码，居中。第 3 页不需要页眉和页码。

7. 在第 3 页录入内容，如图 2-5 所示。

附件 1：

员工信息登记表

工号	部门	姓名	职务	出生日期	学历	职称	入职时间	备注

部门主管：

图 2-5

要求如下。

（1）文字“附件 1：”一行格式为宋体、五号字、两端对齐。

（2）文字“员工信息登记表”一行格式为微软雅黑、二号、居中。

（3）文字“部门主管：”一行格式为宋体、四号、加粗、左对齐。

（4）表格中文字格式为微软雅黑、五号，表格内文字水平居中。

（5）表格首行底纹设置为白色、背景 1、深色 25%。

（6）表格整体居中。

（7）适当调整第一行行高、其他各行行高平均分布。

（8）平均分布各列。

8. 预览打印效果。

9. 保存文档。

四、拓展训练

将文档“学号+姓名+w1.docx”另存为“学号+姓名+w1e.docx”，在文档“学号+姓名+w1e.docx”中进行如下操作。

1. 插入图片“印章.gif”。

2. 将图片的环绕文字设置为“衬于文字下方”。
3. 将图片移动至落款处。
4. 将图片旋转 344°。
5. 保存文档。

五、思考题

1. 文档中节的作用是什么？在哪种情况下需要分节？
2. 如何插入页码？
3. 在正式打印之前，为什么要先预览？
4. 如果计算机已和打印机连接，打印前需要设置什么？
5. 如何插入和删除节？

六、参照文件

1. 最终效果请参照“投资公司文件.pdf”。
2. 拓展训练效果请参照“投资公司文件（扩展）.pdf”。

任务 3　员工登记表

一、任务简介

员工登记表是单位收集员工个人基本信息的重要方式，通常需要收集员工的身份、工作、通信方式等信息。

本任务包括对员工登记表进行制作、编辑、修改等工作，完成任务训练后，应达到以下目标。

1. 熟悉 Word 表格的建立方法。
2. 熟悉 Word 中表格编辑和修改的方式。
3. 了解 Word 表格简单的格式设置。

二、主要知识点索引

本任务所涉及的主要知识点如表 2-3 所示。

表 2-3

序号	主要知识点	是否新知识
1	文字基本格式设置	否
2	初识表格	是
3	表格中的行和列	是
4	单元格及内容	是
5	表格属性	是

三、任务步骤

1. 新建 Word 2016 空白文档，将文档以“学号+姓名+w3.docx”为文件名保存到计算机桌面上。

2. 按如下步骤在文档“学号+姓名+w3.docx”中制作员工登记表，最终效果如图 2-6 所示。

（1）插入一个 8 行 7 列的表格。

（2）编辑表格标题。在表格上方录入“威宁集团员工登记表”作为标题，字体为黑体、二号、加粗、段后 0.5 行。

（3）将所有列的列宽设为 2.5 厘米，首行行高设为 1.5 厘米；第 2～8 行的行高设为 60 磅。

【提示】改变度量单位的方法为单击“文件”—“选项”—“高级”—“显示”—“度量单位”。

（4）将表格整体居中对齐。

（5）输入文字信息，并调整表格（文字信息如图 2-6 所示）。

【提示】可使用合并拆分单元格，使用鼠标对表格进行调整。

威宁集团员工登记表

部门名称						
姓名		性别		出生年月		
毕业院校		专业		工号		
政治面貌		任何职务		通信地址		
QQ		手机				
个人简历						
特长爱好						
工作经历						
备注						

图 2-6

（6）将表格内文字设为宋体、四号，单元格对齐方式为水平垂直居中，行间距 18 磅。

（7）表格整体边框设置如下。

外边框：双线、橙色、0.5 磅。

内边框：实线、黑色、0.75 磅。

（8）将表格中照片位置的边框设置为实线 1.5 磅，底纹设置为橙色。

（9）插入图片“头像.png”，将图片的环绕文字方式设置为浮于文字上方，调整图片大小和位置如图 2-6 所示。

（10）在表格中“任何职务”一栏画一条由左下到右上的斜线。

（11）在最后一行末尾插入一个空白行，输入“备注”。

3. 按如下步骤再制作员工登记总表，最终效果如图 2-7 所示。

员工登记总表

姓名	性别	年龄	工作单位
徐太宇	男	18	番茄演艺公司
林天真	女	17	土豆广告公司

图 2-7

（1）插入一个空白页，将“……\素材\第 2 章\2-任务 3\3-1.docx”文档的内容复制到空白页中。

（2）将复制的文字内容（除标题外）转换成表格，自选表格样式，表格内容设为水平垂直居中。

（3）删除转化后的表格中第 2 行的数据。

（4）将表格的标题字体设为“华文琥珀”，颜色为浅绿色，字号为三号，居中，文本效果设为靠下的透视阴影。

4. 保存文档。

四、拓展训练

将文档“学号+姓名+w3.docx”另存为“学号+姓名+w3e.docx”，在文档“学号+姓名+w3e.docx”中进行如下操作，最终效果如图 2-8 所示。

威宁集团员工登记表

部门名称						
姓名		性别		出生年月		
毕业院校		专业		工号		
政治面貌		任何职务		通信地址		
QQ			手机			
个人简历						
特长爱好						
工作经历						
备注						

图 2-8

1. 将性别、出生年月、专业、工号等设置为竖向文字。
2. 将单元格边距设置为左 0.5 厘米、右 0.5 厘米，观察表格的变化。
3. 保存文档。

五、思考题

1. 观察单元格大小设置中的自动调整，都在什么情况下使用？
2. 观察表格的属性，如何设置表格与文字的对齐方式为左对齐？
3. 如何选择整个表格、一行、一列、一个单元格、几行、几列、几个单元格及单元格中的文字？

4. 如何移动表格，设置表格整体的对齐？
5. 如何快速调整行宽和列高？
6. 插入表格和绘制表格有什么区别？

六、参照文件

1. 最终效果请参照“员工登记表.pdf”。
2. 拓展训练效果请参照“员工登记表（扩展）.pdf”。

任务 4　会议邀请卡

一、任务简介

会议邀请卡是向会议参与者发出的正式邀请，通常需要写明会议参与者、会议内容、会议时间等信息。

本任务包括对会议邀请卡进行制作、编辑、修改等工作，完成任务训练后，应达到以下目标。

1. 熟悉 Word 中图片对象的编辑。
2. 熟悉 Word 中绘图对象的编辑。
3. 了解 Word 中图片对象、绘图对象及文本混合排版的方式。

二、主要知识点索引

本任务所涉及的主要知识点如表 2-4 所示。

表 2–4

序号	主要知识点	是否新知识
1	页面布局设置	否
2	文字基本格式设置	否
3	分节、分页与分栏	否
4	图片对象编辑	是
5	绘图对象编辑	是
6	图片对象、绘图对象及文本的混排	是

三、任务步骤

1. 在 Word 2016 中新建空白文档，将文档以“学号+姓名+w4.docx”为文件名保存到计算机桌面上。

以下操作在文档“学号+姓名+w4.docx”中进行，最终效果如图 2-9 所示。

2. 将纸张方向设置为横向，纸张大小为 16 开，上、下、左、右页边距都设置为 2.5 厘米。
3. 输入标题“邀请卡”，格式为华文彩云、一号、红色、居中。
4. 另起一行，插入“抬头.docx”的内容，格式为华文琥珀、小四、蓝色。
5. 插入“图片 4-1.jpg”至文档中，将图片的环绕文字方式设置为四周型，调整至合适大小，移动至页面左边。
6. 插入一个文本框，并将文档“正文.docx”内容复制到文本框内。

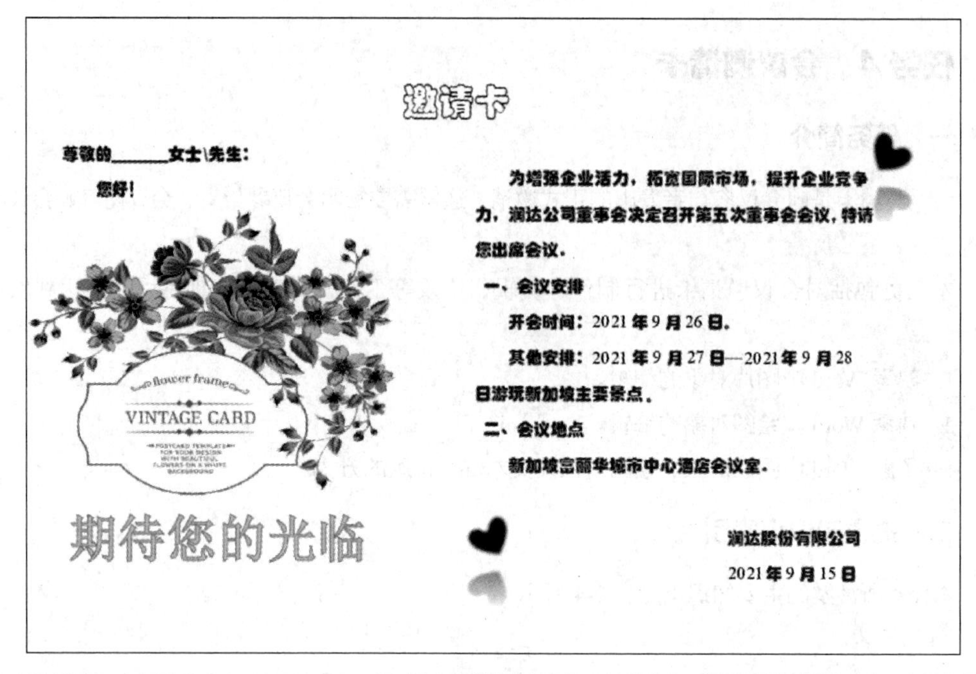

图 2-9

7. 将文本框的边框去除。

8. 将文本框内的文字字体格式设为中文字体华文琥珀、西文字体 Times New Roman、小四、蓝色，段落格式设为 1.5 倍行距，并将文本框移动至页面右边。

9. 插入一个心形，旋转 330°，形状填充红色，形状轮廓设为红色，形状效果全映像设置 8pt 偏移量，柔化边缘 2.5 磅。

10. 复制该心形，并进行水平翻转。

11. 将 2 个心形的“环绕文字”设为“四周型”，置于底层，移至图 2-9 所示的位置。

12. 将文本框设置为无填充颜色。

13. 将 2 个心形与文本框进行组合。

14. 插入艺术字，自选艺术字样式，输入“期待您的光临”，格式为宋体、小初，放至图 2-9 所示的位置。

15. 保存文件。

四、拓展训练

将文档“学号+姓名+w3.docx”另存为“学号+姓名+w3e.docx”，在文档“学号+姓名+w3e.docx”中进行如下操作，最终效果如图 2-10 所示。

1. 打开文档，为页面设置浅绿色的背景颜色。

2. 为页面加一个边框，样式设置为红色、3 磅。

3. 保存文档。

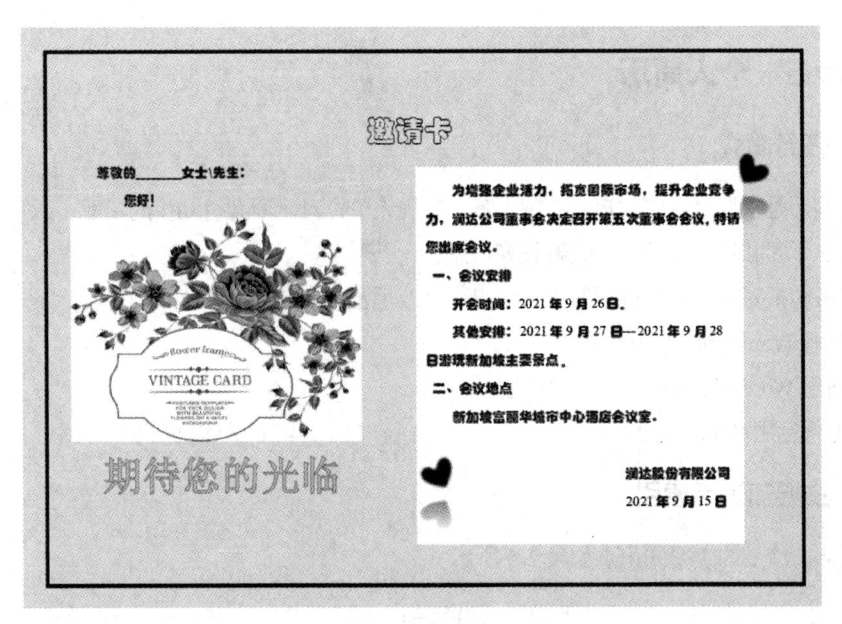

图 2-10

五、思考题

1. 常用的自选图形有哪些?
2. 如何插入剪贴画?
3. 如何使用插图中的屏幕截图?
4. 形状、文本框、艺术字、图片的设置分别有什么异同?
5. 如何处理多个图案对象之间的位置关系（叠放次序、组合）?
6. 如何调整形状?

六、参照文件

1. 最终效果请参照“会议邀请卡.pdf”。
2. 拓展训练效果请参照“会议邀请卡（扩展）.pdf”。

任务5　个人简历

一、任务简介

个人简历是求职时重要的自我介绍工具，让用人单位对求职者有初步的了解，通常需要填写基本信息、学习和工作经历、个人特长等信息。

本任务包括对个人简历进行制作、编辑、修改等工作，完成任务训练后，应达到以下目标。

1. 熟悉 Word 分页符的使用。
2. 熟悉 Word 整体编辑、排版的方法。
3. 综合运用 Word。

二、主要知识点索引

本任务所涉及的主要知识点如表 2-5 所示。

表 2–5

序号	主要知识点	是否新知识
1	文本的编辑	否
2	文字基本格式设置	否
3	段落格式设置进阶	否
4	格式刷	否
5	查找与替换	否
6	分节、分页与分栏	否
7	初识表格	否
8	表格中的行和列	否
9	单元格及内容	否
10	表格属性	否
11	图片对象编辑	否
12	绘图对象编辑	否
13	图片对象、绘图对象及文本的混排	否

三、任务步骤

1. 在 Word 2016 中新建空白文档，将文档以“学号+姓名+w5.docx”为文件名保存到计算机桌面上。

2. 在第 1 页插入一个分页符，使其分为 2 页。

3. 将第 1 页作为封面，进行以下操作，最终效果如图 2-11 所示。

图 2-11

（1）插入艺术字。自选艺术字样式，输入“求职简历”，参照图 2-11 所示设置艺术字格式。

（2）插入图片“封面图片.bmp”，调整图片大小，将图片的“环绕文字”设置为“四周型”。

（3）插入线条，设置粗细为 3 磅，前后为圆头。

（4）插入文本框，参照图 2-11 所示输入相关内容，格式设为宋体、三号、加粗。将文本框的边框去除。

（5）将文本框和线条进行组合。

（6）调整艺术字、图片、文本框的间距和位置，美化简历封面。

4. 在第 2 页开头录入基本信息，最终效果如图 2-12 所示。

基本信息

姓名		性别		
出生日期		籍贯		
民族		政治面貌		
目标年薪		联系电话		
E-mail				

图 2-12

具体设置要求如下。

（1）录入“基本信息”4个字，格式为宋体、小四、加粗。

（2）插入表格，各行高均为1厘米。

（3）录入表格中的文字，表格内中文格式为宋体、小四，表格内英文字体为Times New Roman。

（4）按照图2-12所示设置表中文字的对齐方式。

（5）为第1列和第3列设置浅蓝色底纹。

（6）在“照片”处插入“照片.jpg”。

5. 编辑简历正文，最终效果如图2-13所示。

基本信息

姓名		性别		
出生日期		籍贯		
民族		政治面貌		
目标年薪		联系电话		
E-mail				

教育程度

2016.9—2019.7

南宁学院英语硕士（保送）、文学硕士

2012.9—2016.7

南宁学院外语系（担任班长）文学学士

语言、计算机能力

英语：专业八级（TEM-8）、专业四级（TEM-4）、大学英语六级（CET-6）。

日语：能力测验三级。

计算机：二级，熟练操作Word、Excel、Photoshop、PowerPoint、SPSS等办公软件。

其他：师范生技能测试证书、国家普通话等级证书、英文打字等级证书。

座右铭

A clean hand wants no washing.

A lazy youth, a lousy age.

获奖情况

2019.7 南宁市高校“优秀毕业生”；

2018.12 **南宁学院**“校级三好生”称号；

2017.12 **南宁学院**“校级三好生”称号；

2016.11 暑期社会实践“十佳实践服务明星”称号；

2016.5 “第八届南宁市高校翻译大赛”优秀奖；

2016.7 广西壮族自治区“省级三好生”称号。

图2-13

（1）在基本信息后面插入“正文.docx”的内容。

（2）正文文字的格式设置：中文为宋体、小四；英文为Times New Roman，首行缩进2字符，1.5倍行距。

（3）将 “教育程度”“语言、计算机能力”“座右铭”“获奖情况”等小标题格式设置为小三、

加粗、无缩进、段前 0.5 行，并设置段落底纹为蓝色。

（4）将文中所有的文本“邕江大学”改为“南宁学院”，格式为加粗。

6. 保存文件。

四、拓展训练

将文档“学号+姓名+w5.docx”另存为“学号+姓名+w5e.docx”，在文档“学号+姓名+w5e.docx”中进行如下操作。

1. 在几个小标题前加上项目符号“◆”。
2. 将图 2-14 所示位置下的波浪线去除。

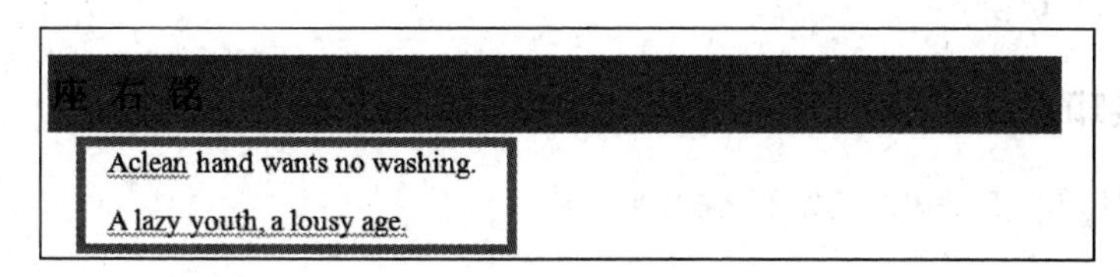

图 2-14

3. 保存文档。

五、思考题

1. 图片组合后能否再拆开？组合的好处是什么？
2. 如何查找文档中拼音和语法的错误？

六、参照文件

1. 最终效果请参照“个人简历.pdf”。
2. 拓展训练效果请参照“个人简历（扩展）.pdf”。

任务6　新员工手册

一、任务简介

员工手册是新进员工了解公司体制、状况、文化的最直接的载体。最重要的是，它表明了公司的制度文化，告知了员工的行为准则。

本任务包括对员工手册进行制作、编辑、修改等工作，完成任务训练后，应达到以下目标。

1. 熟悉 Word SmartArt 的使用。
2. 熟悉 Word 公式的编辑方法。
3. 综合运用 Word。

二、主要知识点索引

本任务所涉及的主要知识点如表 2-6 所示。

表 2–6

序号	主要知识点	是否新知识
1	文字基本格式设置	否
2	文字格式设置进阶	否
3	段落格式设置进阶	否
4	页眉和页脚	否
5	页面布局设置	是
6	分节、分页与分栏	否
7	绘图对象编辑	是
8	公式的使用及编辑	是
9	样式	否
10	加密与保护	否
11	高级设置	是

三、任务步骤

1. 打开文档“新员工手册（原始）.docx”，将文档以“学号+姓名+w6.docx”为文件名保存到计算机桌面上。

2. 为整个文档添加“品冠光电”水印，样式为蓝色、斜式。

3. 新建“一级标题”段落样式，格式设为华文楷体、一号、加粗，并将 7 个一级标题都设置为该样式。

4. 设置“公司简介”内容的第一段为首字下沉，为“叠金工业区”加红色、1 磅粗细的边框。在该标题内容最后一段后面插入图片“6-1.jpg”，将图片“环绕文字”设置为“上下型环绕”，调整图片大小，使第一小节在一页内显示。该部分内容的最终效果如图 2-15 所示。

一、公司简介

汕头市品冠光电科技有限公司是一家从事高品质 LED 照明灯具、散热器、半导体制冷片与温差发电等产品的研发、设计、生产和销售的企业。公司位于汕头市金平区大学路叠金工业区，总投资 1500 万元，占地 6700 平方米，建筑面积 8000 平方米，公司毗邻汕头大学、潮汕机场、深厦高铁和梅汕高速公路，交通十分便利。

公司秉承"科技传递价值""责任重于利润"和"质量铸造信誉"的理念，旨在为中国的 LED 照明事业的发展作出一份贡献，并帮助不同需求的人们享用优质的 LED 低碳产品。

公司深谙"科技创造在于人才"的道理，非常重视人才引进与培养，并打造了具有品冠特色的团队文化，即一切行动始于对目标的激情，通过团队的合作才可以将个人激情发挥到极致，基于激情与团队合作，再加上较强的执行力才可以保证组织目标的实现和组织的快速成长。品冠光电 PTA 文化为员工创造了一个充满活力与激情的工作生活环境。

图 2-15

5. 使用标尺将"报到需准备的材料"的内容进行缩进设置，效果如图 2-16 所示。

二、报到需准备的材料

1）组织人事部开具的《录用通知书》；

2）与原单位解除劳动合同的凭证；

3）毕业证书、学位证书、职称证书、身份证等复印件各一份；

4）深圳户口的员工需交一寸彩色标准相片两张（办理社保和工作卡），一寸大头相片一张（办理用工手续）；

5）非深圳户口的员工除交两张一寸彩色标准相片外，还需交标准居住证相片四张；户口所在地计生办出具的《流动人口计划生育证》；

6）非深圳户口需办理边防证。

图 2-16

6. 将“公司文化”内容设置为 3 栏，栏宽相等，添加分隔线。该部分内容的最终效果如图 2-17 所示。

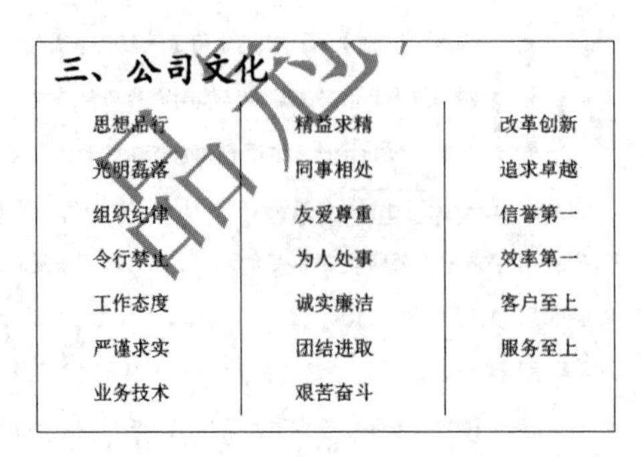

图 2-17

7. 将“公司机构”的文本内容调整到新的一页，在“公司机构”下添加图 2-18 所示的组织结构图。

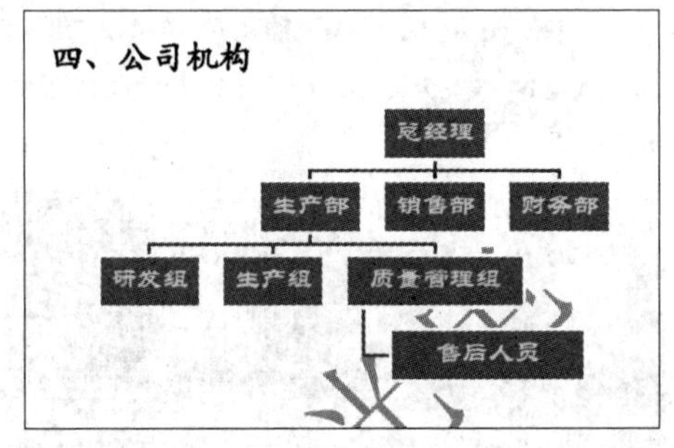

图 2-18

【提示】单击“插入”—“插图”—“SmartArt”，在“选择 SmartArt 图形”对话框中选择“组织结构图”，设置字体为华文隶书，字号为 20，字体颜色为黄色。

8. 在“报账流程”下新建绘图画布，在画布中绘制图 2-19 所示的流程图。将绘图画布调整大小，设置环绕文字的样式，并放置到合适位置。

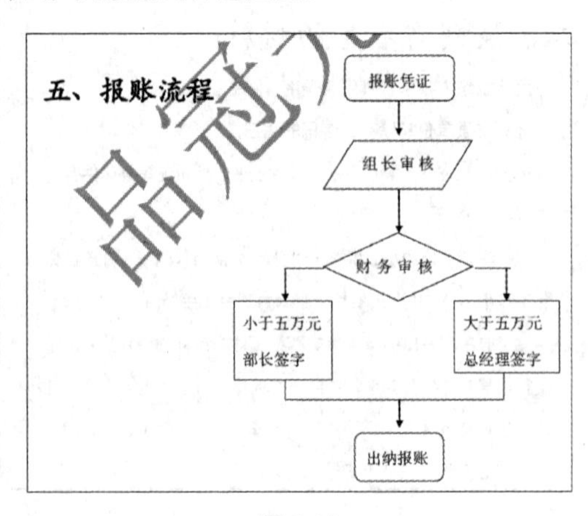

图 2-19

9. 在“常用公式”下添加公式，该部分内容的最终效果如图 2-20 所示。

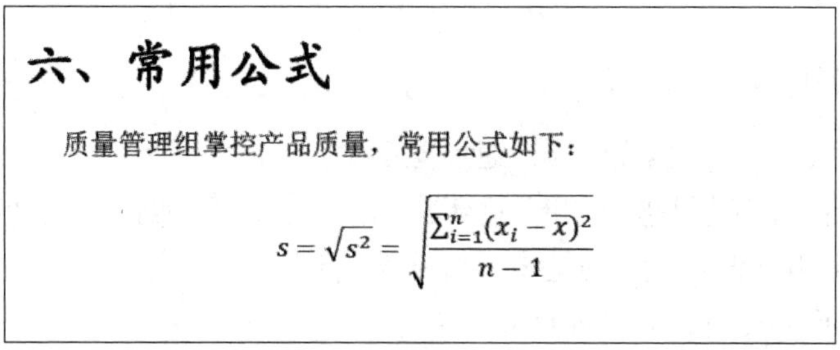

六、常用公式

质量管理组掌控产品质量，常用公式如下：

$$s=\sqrt{s^2}=\sqrt{\frac{\sum_{i=1}^{n}(x_i-\overline{x})^2}{n-1}}$$

图 2-20

10. 设置页脚为当前日期，右对齐。
11. 保存文档。

四、拓展训练

将文档“学号+姓名+w6.docx”另存为“学号+姓名+w6e.docx”，在文档“学号+姓名+w6e.docx”中进行如下操作。

1. 对文档进行加密保护，密码设为“123”。
2. 保存文档。

五、思考题

1. 简述字符样式与段落样式有何区别。
2. 新建样式时选择“自动更新”的作用是什么？
3. 如何才可以把新建的样式应用到此后新建的每一个文档中？
4. 列出图片在文档中的 6 种混排形式，并简述各种混排方式的特点。
5. 采用文档中的高级选项卡进行设置，为尾部空格添加下画线。

六、参照文件

最终效果请参照“新员工手册.pdf”。

任务 7　毕业论文

一、任务简介

毕业论文是对大学学习成果的总结，通常包括封面、目录、摘要、正文、参考文献等内容。本任务中包括对毕业论文进行编辑、排版等工作，完成任务训练后，应达到以下目标。

1. 熟悉 Word 中分节、目录、页眉和页脚设置的操作。
2. 熟悉 Word 中上、下标的设置方式。
3. 熟悉 Word 整体排版的操作。

二、主要知识点索引

本任务所涉及的主要知识点如表 2-7 所示。

表 2–7

序号	主要知识点	是否新知识
1	文本的编辑	否
2	文字基本格式设置	否
3	段落基本格式设置	否
4	页眉和页脚	否
5	页面布局设置	否
6	分节、分页与分栏	否
7	初识表格	否
8	图片对象编辑	否
9	样式	否
10	大纲	是
11	目录	是
12	字数统计	是

三、任务步骤

1. 制作封面。在 Word 2016 中新建空白文档，将文档以“学号+姓名+w7.docx”为文件名保存到桌面上。对其进行以下操作，最终效果如图 2-21 所示。

（1）设置纸张大小为 A4，上、下、左、右页边距均为 2.5 厘米。

（2）插入“校徽.gif”，剪裁并调整至合适大小，移至图 2-21 所示位置。

（3）另起一行，输入文本“毕业论文”，格式设为宋体、一号、加粗、居中。

（4）插入表格，内容及设置如图 2-22 所示，格式设为宋体、小三，其中“题目名称”加粗。

南寧學院
NANNING UNIVERSITY
1985

毕业论文

题目名称

学　　院
专　　业
班　　级
学　　号
姓　　名
指导教师

_______年__月__日

图 2-21

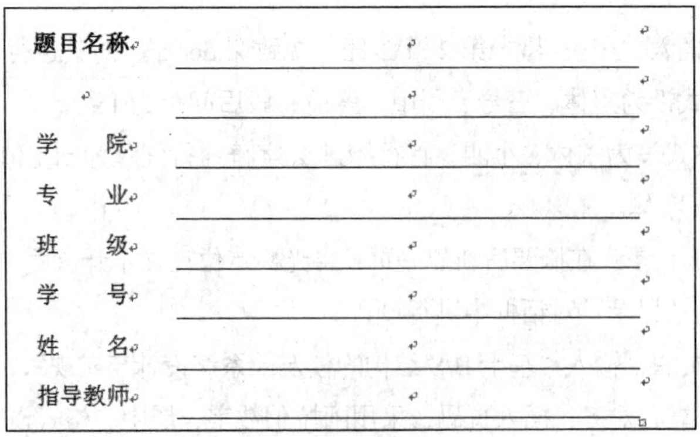

题目名称	
学　　院	
专　　业	
班　　级	
学　　号	
姓　　名	
指导教师	

图 2-22

（5）另起一行，输入“___年__月__日”，格式为小三、宋体。

2. 插入分页符，建立新页，插入“……\素材\第 2 章\2-任务 7\摘要.docx”，对其进行以下设置。

（1）“摘要”格式设为黑体、三号、居中。

（2）摘要正文格式设为宋体、小四、首行缩进2字符，行间距为固定值25磅。

（3）“关键词”格式设为黑体、小四。

（4）摘要和关键词中的英文设为Times New Roman字体。

3. 正文内容设置如下。

（1）新建3个段落样式，相关设置分别如下。

① 一级标题：基于正文、黑体、四号字、居中、自动更新，大纲级别1级。

② 二级标题：基于正文、宋体、小四、首行缩进1字符、自动更新，大纲级别2级。

③ 正文格式：基于正文、宋体，小四，行间距固定值20磅，首行缩进2字符、自动更新。

（2）建立新页，插入“正文.docx”的内容，将正文中所有一级标题、二级标题和正文都应用相应的样式。

（3）为“二级标题”样式添加加粗格式。

（4）将文中参考文献编号“[1]、[2]、[3]……”变为上标，如图2-23所示。

2.1.分析

校友录系统是校友录基础功能开发的案例，目标是实现校友之间的信息交流；具有创建学校、班级的功能，还包括加入班级成员，查看班级成员的信息和校友信息留言功能[2]。

图2-23

（5）将文档中英文设为Times New Roman字体。

4. 建立新页，插入“……\素材\第2章\2-任务7\参考文献.docx”，对其进行以下设置。

（1）“参考文献”格式设为黑体、三号、居中。

（2）将参考文献内容格式设为宋体、小四、行间距固定值20磅，数字和英文为Times New Roman字体。

5. 建立新页，插入“……\素材\第2章\2-任务7\致谢.docx”，对其进行以下设置。

（1）“致谢”格式设为黑体、三号、居中，段前、段后间距为1行。

（2）致谢内容格式设为宋体、小四，首行缩进2字符，行间距为固定值20磅，数字和英文为Times New Roman字体。

6. 插入自动生成目录：在摘要后新建一页，将光标定位在文本开头后，选择“引用”—“目录”选项，在弹出的“目录”对话框中进行设置。

7. 为正文插入页眉，输入“基于B/S结构的校友录系统设计与实现”，居中；插入页脚，输入本人学号、姓名，靠右对齐；插入页码，采用阿拉伯数字，居中。格式设为宋体、五号，数字和英文设为Times New Roman字体。

【提示】封面、摘要、目录都不需要页眉和页脚，用分节符（连续）进行分节。

8. 调整图片大小及位置，使全文整齐、美观。

9. 保存文档。

四、拓展训练

将文档“学号+姓名+w7.docx”另存为“学号+姓名+w7e.docx”，在文档“学号+姓名+w7e.docx”中进行如下操作。

1. 在正文后面、参考文献之前，插入“……\素材\第 2 章\2-任务 7\五、总结与体会.docx”，用格式刷将标题变成标题字体，内容变成正文字体。

2. 为摘要和目录设置页码，且页码为罗马数字。

3. 更新目录。

4. 保存文档。

五、思考题

1. 使用自动产生目录功能的好处是什么？

2. 毕业论文的编辑先全选内容以便设置全文正文格式，然后再设置标题、参考文献等标题格式会不会更好？为什么？

3. 如何查询毕业论文的字数？

六、参照文件

1. 最终效果请参照“毕业论文.pdf”。

2. 拓展训练效果请参照“毕业论文（扩展）.pdf”。

综合训练

一、文档操作 1

打开文档 Word1.docx，按照下列要求完成操作并保存文档。

1. 将文中所有错词“月秋”替换为“月球”；为页面添加“科普”的文字水印；设置页面上、下边距各为 4 厘米。

2. 将标题段文字（“为什么铁在月球上不生锈？”）格式设置为小二号、红色（标准色）、黑体、居中，并为标题段文字添加绿色（标准色）阴影边框。

3. 将正文各段文字（“众所周知……不生锈了吗？”）格式设置为五号、仿宋；设置正文各段落左右各缩进 1.5 字符、段前间距 0.5 行。

4. 设置正文第 1 段（“众所周知……不生锈的方法。”）首字下沉两行、距正文 0.1 厘米；其余各段落（“可是……不生锈了吗？”）首行缩进 2 字符。

5. 将正文第 4 段（“这件事……不生锈了吗？”）分为等宽的两栏，栏间添加分隔线。

二、文档操作2

打开文档Word2.docx，按照下列要求完成操作并保存文档。

1. 将文中后5行文字转换成一个5行3列的表格。

2. 设置表格各列列宽为3.5厘米、各行行高为0.7厘米、表格居中。

3. 设置表格中第1行文字水平居中，其他各行第1列文字中部两端对齐，第2、3列文字中部右对齐。

4. 在“所占比值”列的相应单元格中，按公式“所占比值=产值/总值”计算所占比值，计算结果的格式为默认格式。

5. 设置表格外框线为1.5磅红色（标准色）单实线、内框线为0.5磅蓝色（标准色）单实线。

6. 为表格添加“橄榄色，个性色3，淡色60%”底纹。

三、文档操作3

打开文档Word3.docx，按照下列要求完成操作并保存文档。

1. 将文中所有错词“隐士”替换为“饮食”。

2. 在页面底端插入“普通数字2”型页码，并设置页码编号格式为“Ⅰ、Ⅱ、Ⅲ……”、起始页码为“Ⅴ”。

3. 将页面颜色设置为橙色（标准色），页面纸张大小设置为“16开（18.4厘米×26厘米）”。

4. 将标题段文字（“运动员的饮食”）格式设置为二号、黑体、居中，文本效果设置为内置“渐变填充-紫色，主题色4；边框：紫色，主题色4”样式。

5. 将正文第4段文字（“游泳……糖类物质。”）移至第3段文字（“马拉……绿叶菜等。”）之前。

6. 设置正文各段（“运动员的……绿叶菜等。”）的中文字体为楷体，西文字体为Arial。

7. 设置各段落左右各缩进1字符、段前间距0.5行、1.25倍行距。

8. 设置正文第1段（“运动员的……也不同。”）首行缩进2字符。

9. 为正文第2～4段（“体操……绿叶菜等。”）添加“1）、2）、3）、……”样式的编号。

四、文档操作4

打开文档Word4.docx，按照下列要求完成操作并保存文档。

1. 将文中后6行文字转换为一个6行5列的表格。

2. 将表格样式设置为清单表“清单表1浅色，着色2”样式。

3. 设置表格居中，表格中所有文字水平居中。

4. 设置表格各列列宽为2.7厘米，各行行高为0.7厘米，单元格左、右边距各为0.25厘米。

5. 设置表格外框线为0.5磅红色双窄线，内框线为0.5磅红色单实线。

6. 按照“美国”列并依据“数字”类型降序排列表格内容。

五、文档操作5

打开文档Word5.docx，按照下列要求完成操作并保存文档。

1. 为文中所有“凤凰”一词添加着重号。

2. 设置页面纸张大小为“16开（18.4厘米×26厘米）”，并为页面添加橙色（标准色）阴影边框和内容为“小学生作文”的红色（标准色）水印。

3. 将标题段文字（“小学生作文——多漂亮的‘凤凰’”）格式设置为小二号、红色（标准色）、黑体、加粗、居中，并添加图案为“浅色棚架/自动”的黄色（标准色）底纹。

4. 将正文各段文字（“今天……太漂亮了！”）格式设置为四号、宋体；首行缩进2字符，段前间距0.5行，1.25倍行距。

5. 将正文第2段（“当我来到……优雅的环境呀！”）分为等宽的两栏，栏间加分隔线。

六、文档操作6

打开文档Word6.docx，按照下列要求完成操作并保存文档。

1. 将文中后6行文字转换为一个6行5列的表格。

2. 设置表格居中，表格第1、2行文字设为“水平居中”，其余各行文字的第1列设为“中部两端对齐”，其余各列设为“中部右对齐”。

3. 设置表格各列列宽为2.9厘米，各行行高为0.7厘米；表中文字格式设置为五号、仿宋。

4. 分别合并第1、2行第1列单元格，第1行第2、3、4列单元格和第1、2行第5列单元格。

5. 在“合计（万台）”列的相应单元格中，计算并填入一季度该产品的合计数量。

6. 设置外框线为0.75磅红色（标准色）双窄线，内框线为1磅蓝色（标准色）单实线。

7. 设置表格第1、2行为“白色，背景1，深色25%”底纹。

七、文档操作7

打开文档Word7.docx，按照下列要求完成操作并保存文档。

1. 将文中所有错词“款待”替换为“宽带”；设置页面颜色为“橙色，个性色6，淡色80%”样式，插入内置“奥斯汀”型页眉，输入页眉内容“互联网发展现状”。

2. 将标题段文字（“宽带发展面临路径选择”）格式设置为三号、黑体、红色（标准色）、倾斜、居中并添加深蓝色（标准色）波浪下画线；将标题段设置为段后间距1行。

3. 设置正文各段（“近来，……都难以获益。”）首行缩进2字符、20磅行距、段前间距0.5行。

4. 将正文第2段（“中国出现……历史机会。”）分为等宽的两栏。

5. 为正文第2段中的“中国电信”一词添加超链接，链接为公司网址。

八、文档操作8

打开文档Word8.docx，按照要求完成下列操作并保存文档。

1. 将文中后4行文字转换为一个4行4列的表格。

2. 设置表格居中，表格各列列宽为2.5厘米、各行行高为0.7厘米。

3. 在表格最右边增加一列，列标题为“平均成绩”，计算各考生的平均成绩，并填入相应单元格内，计算结果的格式为默认格式；按“平均成绩”列并依据“数字”类型降序排列表格内容。

4. 设置表格中所有文字水平居中。

5. 设置表格外框线及第1、2行间的内框线为0.75磅紫色（标准色）双窄线，其余内框线为1磅红色（标准色）单实线；将表格底纹设置为“红色，个性色2，淡色80%”样式。

Chapter 3

第3章

演示文稿软件综合应用

演示文稿是一种工作中常用的演示文件，它可以通过投影仪或计算机进行演示，在会议演讲、产品展示和培训课件演示等工作中起重要作用。演示文稿一般由若干张幻灯片组成，每张幻灯片中都可以放置文字、图片、多媒体、动画等内容，从而独立表达主题。完成演示文稿的制作后，即可使用软件的幻灯片放映功能对其内容进行展示，并可自主控制演示过程。本章以日常办公中最常用的演示文稿软件 PowerPoint 2016 为例，综合应用 PowerPoint 2016 的相关知识及操作技能，引导学习者以任务为学习单元，在真实情景中完成演示文稿制作的技能训练。完成全部任务后，学习者将能胜任真实工作中常见的演示文稿制作工作。

任务单元

微课视频

任务 1　自我介绍
任务 2　金融公司招聘宣讲
任务 3　项目介绍
任务 4　校园风景展
任务 5　产品展示
任务 6　动画制作

任务 1　自我介绍

一、任务简介

自我介绍是向别人展示自己的一种重要手段，是日常工作和生活中与陌生人建立关系、打开局面的一种非常重要的手段。因此，通过自我介绍使对方认识自己，甚至认可自己，是一种非常重要的职场技能。

本任务包括自我介绍演示文稿的设计和制作。完成本任务训练后，应达到以下目标。

1. 熟悉 PowerPoint 2016 的工作环境及相关概念。
2. 熟悉 PowerPoint 2016 幻灯片的创建和编辑方式。
3. 了解图片和图形的插入和编辑方式。
4. 了解切换设置。
5. 了解幻灯片放映设置。

二、主要知识点索引

本任务所涉及的主要知识点如表 3-1 所示。

表 3-1

序号	主要知识点	是否新知识
1	PowerPoint 2016 的基本认识	是
2	幻灯片基本操作	是
3	幻灯片版式	是
4	主题	是
5	图文对象	是
6	切换	是
7	幻灯片放映	是

三、任务步骤

1. 启动 PowerPoint 2016，新建空白演示文稿。
2. 将文稿以“学号+姓名+p1.pptx”为文件名保存到计算机桌面上。
3. 在“设计”选项卡中选择“回顾”主题。
4. 在原有幻灯片的基础上再新建 4 张幻灯片。
5. 幻灯片 1 设置要求如下，最终效果如图 3-1 所示。

（1）采用“空白”版式。

（2）插入背景图片“背景 1.jpg”作为背景。

（3）插入艺术字（选择第 3 行第 3 列样式），输入文字“自我介绍”作为演示文稿的标题，置于幻灯片中间。

图 3-1

（4）插入文本框，输入文字“2021 年 1 月”作为演示文稿副标题，置于标题下方。

6. 幻灯片 2 设置要求如下，最终效果如图 3-2 所示。

图 3-2

（1）采用“空白”版式。

（2）插入图片“图片 1.jpg”，放置在合适位置。

（3）在图片右边插入文本框，输入文字及标点“姓名：性别:”，格式设置为黑体、20 磅。插入文本框，输入文字“张贤”，放置于“姓名:”文本的右侧，格式设置为黑体、40 磅。

（4）插入图标图片“……\素材\第 3 章\3-任务 1\图标 1.png”，缩放至合适大小并置于“性别:”文本的右侧。

7. 幻灯片 3 设置要求如下，最终效果如图 3-3 所示。

图 3-3

（1）采用“图片与标题”版式。

（2）在图片占位符中，插入图片“……\素材\第 3 章\3-任务 1\图片 2.jpg”。

（3）在标题占位符中输入文字“我的家乡：桂林”。

（4）在文本占位符中输入文字“桂林是世界著名的旅游城市，其境内的山水风光举世闻名，千百年来享有‘桂林山水甲天下’的美誉”。

8. 幻灯片 4 设置要求如下，最终效果如图 3-4 所示。

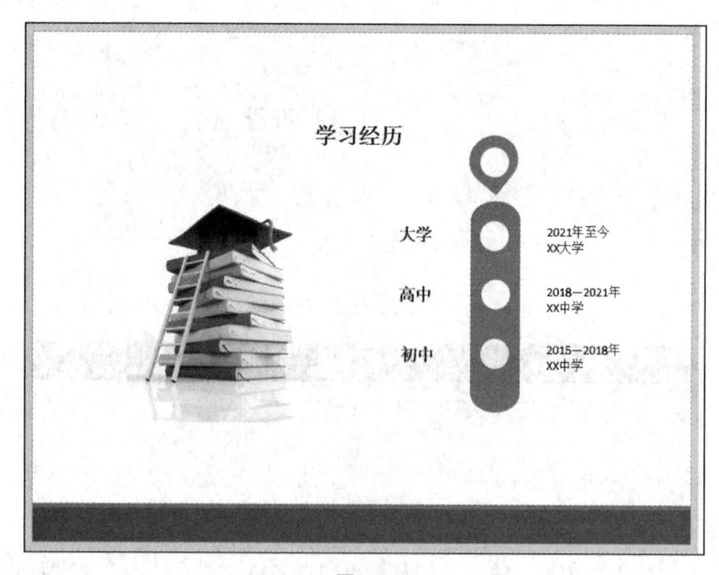

图 3-4

（1）采用“空白”版式。

（2）插入图片“图片 5.jpg”，缩放到合适大小并放置在幻灯片左侧。

（3）在右侧通过插入图形和文本框来制作学习经历图形条，如图 3-5 所示。

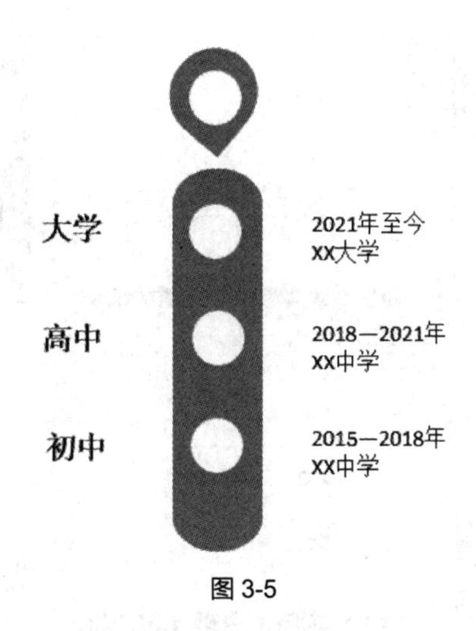

图 3-5

9. 幻灯片 5 设置要求如下，最终效果如图 3-6 所示。

图 3-6

（1）采用“图片与标题”版式。

（2）在图片占位符中，插入图片“图片 6.jpg”。

（3）在标题占位符中输入文字“希望与同学们都成为朋友，谢谢！”，设置文字居中。

10. 打开文件“素材幻灯片.pptx”，复制该演示文稿中的第 2 张幻灯片，选择“离子主题”选项，粘贴在“自我介绍”的幻灯片 3 后面。切换至幻灯片浏览视图查看，结果如图 3-7 所示。

11. 设置切换效果“推入”，全部应用。

12. 设置幻灯片放映“观众自行浏览（窗口）”。设置结束后“从头开始放映幻灯片”观看演示文稿。

图 3-7

13. 按【Ctrl+S】快捷键保存文稿并提交。

四、拓展训练

将文件“学号+姓名+p1.pptx”另存为“学号+姓名+p1e.ppsx”，对“学号+姓名+p1e.ppsx”进行如下操作。

1. 在幻灯片 6 后面新建 2 张幻灯片。
2. 幻灯片 7 设置要求如下，最终效果如图 3-8 所示。

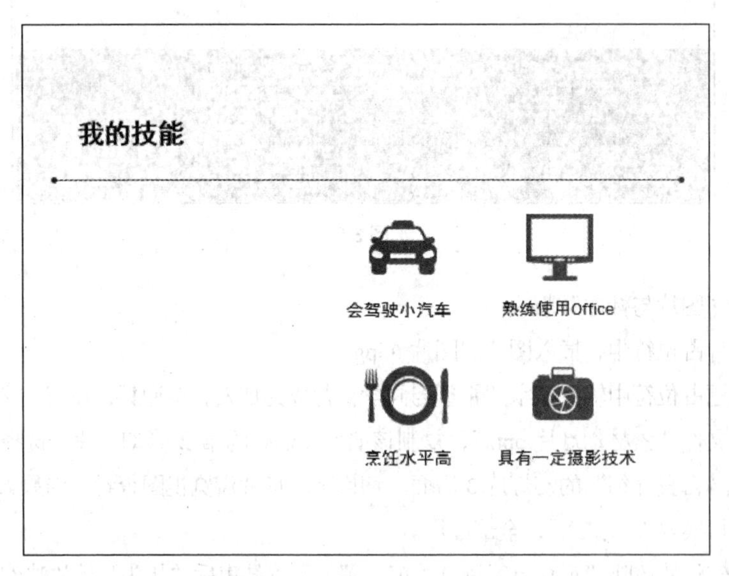

图 3-8

（1）采用“空白”版式。

（2）插入直线，设置为方点虚线、0.75 磅、箭头样式 11。

（3）插入 4 张图片“图标 2～5.png”，按图 3-8 所示摆放在合适位置。

（4）插入文本框，按图 3-8 所示输入文字。

3. 幻灯片 8 设置要求如下，最终效果如图 3-9 所示。

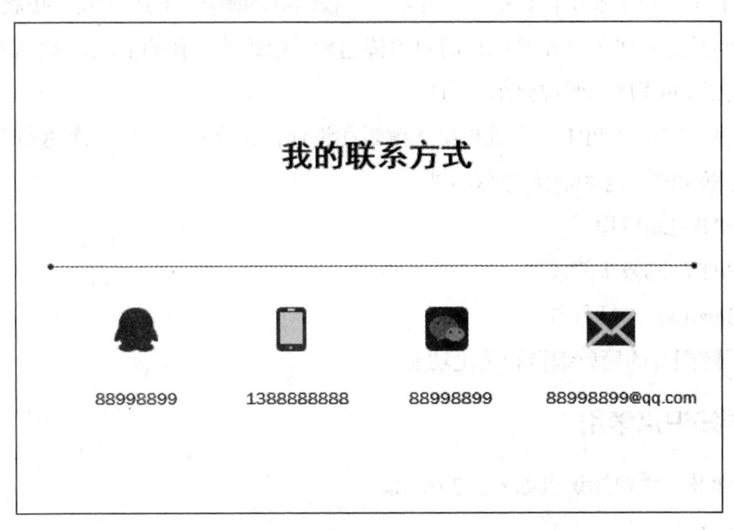

图 3-9

（1）采用“空白”版式。

（2）插入直线，设置为方点虚线、0.75 磅、箭头样式 11。

（3）插入 4 张图片“图标 6～9.png”，按图 3-9 所示摆放在合适位置。

（4）插入文本框，按图 3-9 所示输入文字。

4. 保存并提交文件。

五、思考题

1. PowerPoint 可以用来做什么工作？它的操作界面与 Word 有什么区别？
2. 什么是演示文稿？什么是幻灯片？演示文稿与幻灯片的区别和联系在哪里？
3. PowerPoint 常用的功能选项卡都有哪些，主要有什么作用？
4. 为什么要放映幻灯片？
5. PowerPoint 中插入图片是否需要设置自动换行？
6. 如何快速确定是否为某个幻灯片设置了切换动画？
7. 插入文本框后如果不直接输入文字，文本框是否还会在页面上？

六、参照文件

1. 最终效果请参照“自我介绍.ppsx”。
2. 拓展训练效果请参照“自我介绍（拓展）.ppsx”。

任务2　金融公司招聘宣讲

一、任务简介

宣讲会一般是指企事业单位在社会公开场合、校园等场所开设的与宣传、拓展及招聘相关的主题讲座。需要通过PPT的演示来向招聘对象传达相关组织或企业的情况、文化价值观、人力资源政策、校园招聘的程序和职位介绍等信息。

本任务包括为宣讲会PPT进行简单排版编辑和设计，完成本任务后，应达到以下目标。

1. 初步了解PPT文字和图片排版方式。
2. 了解PPT主题应用。
3. 了解PPT动画效果的设置。
4. 了解SmartArt的插入创建。
5. 初步了解图片的简单编辑和美化功能。

二、主要知识点索引

本任务所涉及的主要知识点如表3-2所示。

表3–2

序号	主要知识点	是否新知识
1	PowerPoint的基本认识	否
2	幻灯片基本操作	否
3	幻灯片版式	否
4	主题	否
5	图文对象	否
6	SmartArt	是
7	超链接	是
8	切换	否
9	基本动画	是

三、任务步骤

1. 启动PowerPoint 2016，新建空白演示文稿。
2. 将文稿以“学号+姓名+p2.pptx”为文件名保存到计算机桌面上。
3. 在“设计”选项卡中选择“回顾”设计主题。
4. 在原有幻灯片的基础上再新建8张幻灯片。其中，第1张幻灯片采用“标题幻灯片”版式，第2～8张幻灯片采用“标题和内容”版式，第9张幻灯片采用“空白”版式。
5. 幻灯片1设置要求如下，最终效果如图3-10所示。

图 3-10

（1）在主标题的占位符中输入文字“金融公司招聘宣讲”，作为演示文稿的标题。

（2）在副标题占位符中输入文字“2021 年 1 月”，作为演示文稿副标题。

（3）为主标题和副标题设置进入动画“浮入”，与上一动画同时，快速（1 秒）。

（4）插入图片“图片 1.png”到文档中，调整图片大小，放置于幻灯片左下方。

（5）为图片设置强调动画“跷跷板”，上一动画之后，快速（1 秒），直到下一次单击。

6. 幻灯片 2 设置要求如下，最终效果如图 3-11 所示。

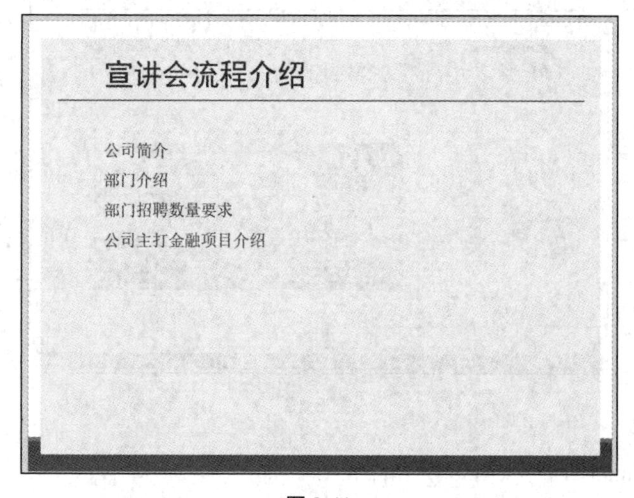

图 3-11

（1）在标题占位符中输入文字“宣讲会流程介绍”。

（2）内容占位符的文字见文本素材“文本.txt”。

（3）为内容占位符部分设置进入动画“飞入（按段落）”，上一动画之后，非常快（0.5 秒）。

7. 幻灯片 3 设置要求如下，最终效果如图 3-12 所示。

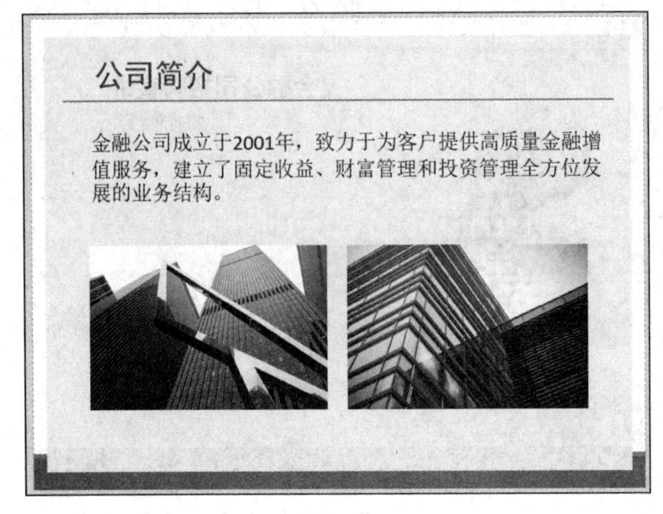

图 3-12

（1）在标题占位符中输入文字“公司简介”。

（2）内容占位符的文字见文本素材“文本.txt”。

（3）插入图片“图片 2～3.jpg”，调整至合适大小，置于内容文字下方。

8. 幻灯片 4 设置要求如下，最终效果如图 3-13 所示。

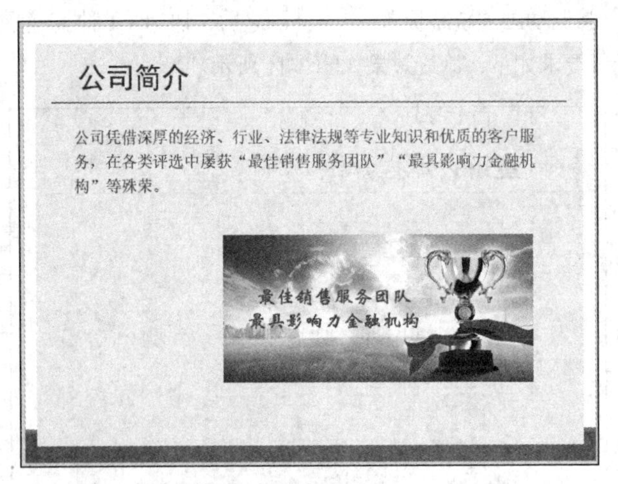

图 3-13

（1）在标题占位符中输入文字“公司简介”。

（2）内容占位符的文字见文本素材“文本.txt”。

（3）插入图片“图片 4.jpg”，调整至合适大小，置于内容下方。

（4）插入艺术字（选择第 2 行第 5 列样式），设置格式为华文新魏、24 磅，输入文字“最佳销售服务团队/最具影响力金融机构”，置于图片的合适位置。

9. 幻灯片 5 设置要求如下，最终效果如图 3-14 所示。

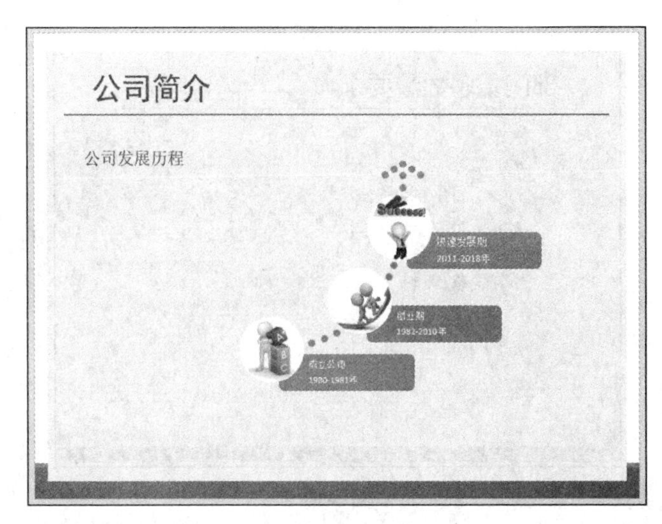

图 3-14

（1）在标题占位符中输入文字“公司简介”。

（2）在内容占位符中输入文字“公司发展历程”。

（3）选择“插入”—“SmartArt”—“升序图片重点流程”，根据图 3-14 所示制作发展历程图表（注：所需图片素材为素材文件夹中的图片 5～7）。

10. 幻灯片 6 设置要求如下，最终效果如图 3-15 所示。

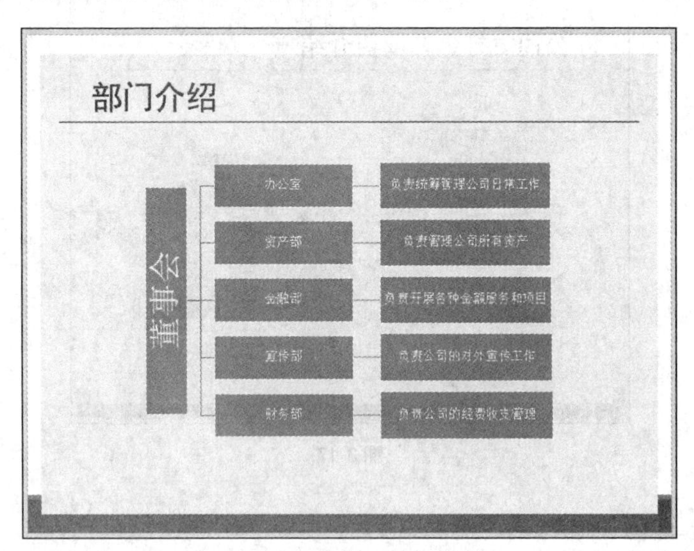

图 3-15

（1）在标题占位符中输入文字“部门介绍”。

（2）在内容占位符中插入 SmartArt，根据图 3-15 所示制作部门的组织结构图（注：所需文字素材在素材文件中提供）。

11. 幻灯片 7 设置要求如下，最终效果如图 3-16 所示。

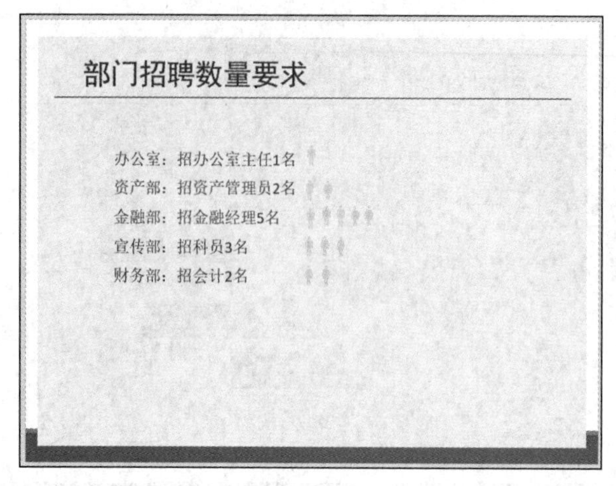

图 3-16

（1）在标题占位符中输入文字“部门招聘数量要求”。

（2）内容占位符中文字见文本素材“文本.txt”。

（3）插入图片“……\素材\第 3 章\3-任务 2\图标 1.png、图标 2.png”，根据图 3-16 所示复制多个图标并依次排列在合适位置。

12. 幻灯片 8 设置要求如下，最终效果如图 3-17 所示。

图 3-17

（1）在标题占位符中输入文字“公司主打金融项目介绍”。

（2）内容占位符的文字见文本素材“文本.txt”。

（3）插入图片“图片 8.jpg”，设置：删除背景，将该图片调整至合适大小，移至右下角。

13. 幻灯片 9 设置要求：插入文本框，输入文字“欢迎大家加入本公司!”，字号为 32 磅，最终效果如图 3-18 所示。

14. 保存文件。

15. 打开“幻灯片素材.pptx”，将该演示文稿中的 2 张幻灯片复制粘贴到第 9 张幻灯片之后，要求：保留原格式粘贴，切换至幻灯片浏览视图查看，最终效果如图 3-19 所示。

图 3-18

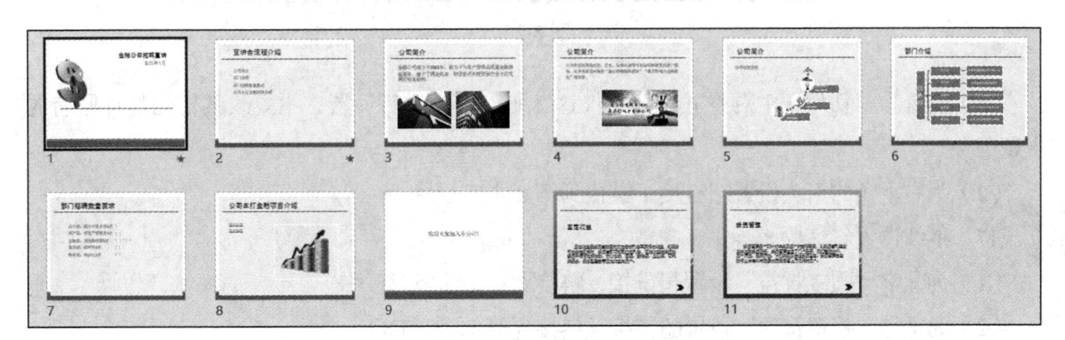

图 3-19

16．幻灯片 10～11 设置要求如下，最终效果如图 3-20 和图 3-21 所示。

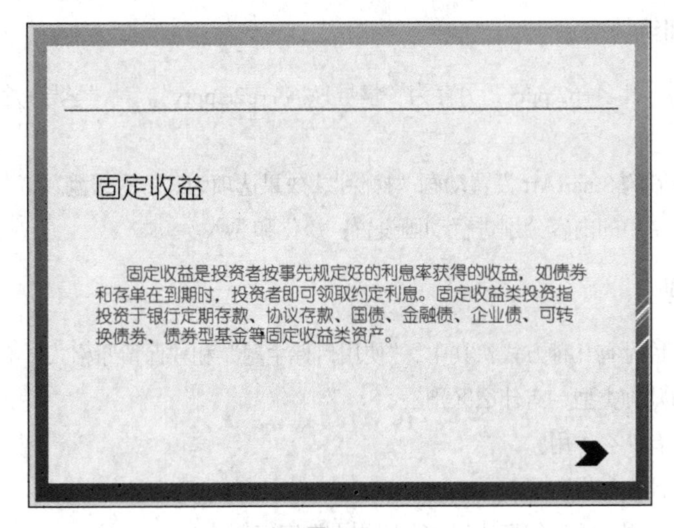

图 3-20

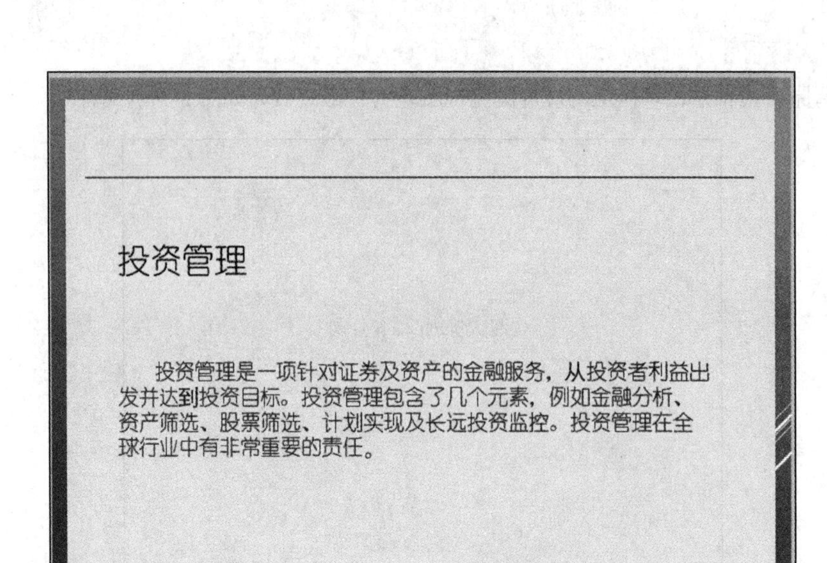

图 3-21

（1）设置为“切片”主题样式（注：仅这 2 张幻灯片进行设置，不更改其他幻灯片原有的主题）。

（2）为右下角的箭头设置超链接，链接到第 8 张幻灯片。

17. 继续设置幻灯片 8。

（1）为文字“固定收益”设置超链接，链接到第 10 张幻灯片。

（2）为文字“投资管理”设置超链接，链接到第 11 张幻灯片。

18. 设置切换效果为“覆盖”，全部应用；换片方式为“单击鼠标时”，自动换片时间为 2 秒。

19. 按【Ctrl+S】快捷键保存文稿并提交。

四、拓展训练

将文件“学号+姓名+p2.pptx”另存为“学号+姓名+p2e.pptx”，对“学号+姓名+p2e.pptx”进行以下操作。

1. 为幻灯片 6 的 SmartArt 设置动画“擦除”，效果选项为“一次级别”。
2. 对幻灯片 7 中的内容分别进行动画设置：淡化和飞入。

五、思考题

1. 粘贴幻灯片时有几种方式？其中，“使用目标主题”和“保留原格式”有何区别？
2. 动画分为几种类型，有什么区别？
3. SmartArt 有什么作用？
4. 超链接有什么作用？
5. 主题如何应用于所有幻灯片？如何应用于选定幻灯片？

6. PowerPoint 保存的常见文件类型有哪些？

六、参照文件

1. 最终效果请参照“金融公司招聘宣讲.ppsx”。
2. 拓展训练效果请参照“金融公司招聘宣讲（拓展）.ppsx”。

任务 3　项目介绍

一、任务简介

项目介绍是介绍者通过一定的表达形式对一系列复杂且相互关联的活动进行说明，从而达到宣传、推介、营销等目的。

本任务包括字体安装、超链接设置、动作按钮设置、母版编辑等工作。完成本任务后，应达到以下目标。

1. 掌握母版的编辑。
2. 了解字体安装方式。
3. 熟悉超链接设置。
4. 了解动作按钮设置。
5. 了解新建主题字体方案的操作。
6. 初步了解节的编辑。

二、主要知识点索引

本任务所涉及的主要知识点如表 3-3 所示。

表 3–3

序号	主要知识点	是否新知识
1	Power Point 的基本认识	否
2	幻灯片基本操作	否
3	幻灯片版式	否
4	主题	否
5	演示文稿设置	否
6	图文对象	否
7	SmartArt	否
8	超链接	否
9	分节	是
10	基本动画	否
11	母版	否
12	幻灯片放映	是
13	排练及录制	是
14	演示文稿的打印	是
15	打包、发布演示文稿	是

三、任务步骤

1. 打开素材文件夹“字体”，安装文件夹中的字体文件。

2. 打开文件“p3.pptx”，将文稿以“学号+姓名+p3.pptx”为文件名保存到计算机桌面上。

3. 在设计选项卡中，新建主题字体：标题字体（中文）为汉真广标，正文字体（中文）为微软雅黑，并命名为“作者自创”。

4. 进入幻灯片母版视图，对幻灯片母版进行编辑修改，最终效果如图 3-22 所示。

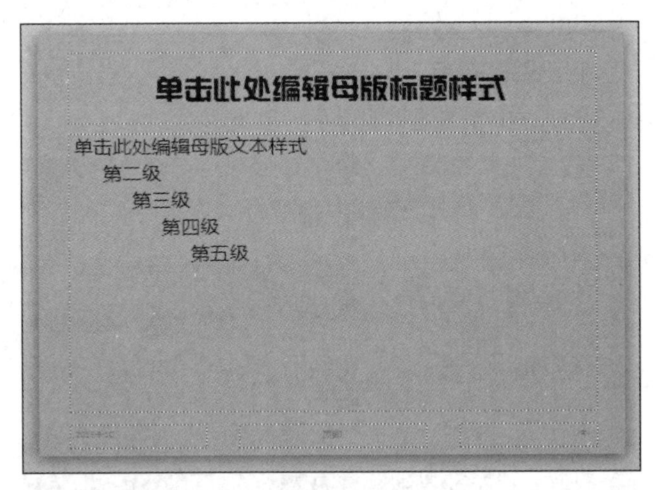

图 3-22

（1）（母版视图下）幻灯片 1 设置要求如下。

① 设置背景格式：填充“浅绿”色。

② 设置标题占位符：字号 36 磅。

③ 设置内容占位符：字号 24 磅，取消项目符号。

（2）关闭母版视图。

5. 把幻灯片 4 和幻灯片 5 进行对调。

6. 幻灯片 2 设置要求如下，最终效果如图 3-23 所示。

图 3-23

（1）设置文字超链接："项目基本情况"链接到第3张幻灯片；"项目建设内容及规模"链接到第4张幻灯片；"项目时间安排"链接到第5张幻灯片；"项目投资及收益"链接到第6张幻灯片。

（2）插入图片"图片1.jpg"，图片下移一层，设置图片路径动画"直线向右"，与上一动画同时，持续时间6秒。

（3）将"目录"两个字设置为白色。

7. 幻灯片3设置要求如下，最终效果如图3-24所示。

图3-24

（1）采用"两栏内容"版式。

（2）插入图片"图片2.jpg"，拉伸至合适大小，置于底层。

（3）设置内容文本框形状样式：白色纯色填充，20%透明度，中部居中。

8. 在幻灯片4中插入图片"图片3.jpg"，拉伸至合适大小，对图片进行裁剪。最终效果如图3-25所示。

图3-25

9. 幻灯片5设置要求如下，最终效果如图3-26所示。

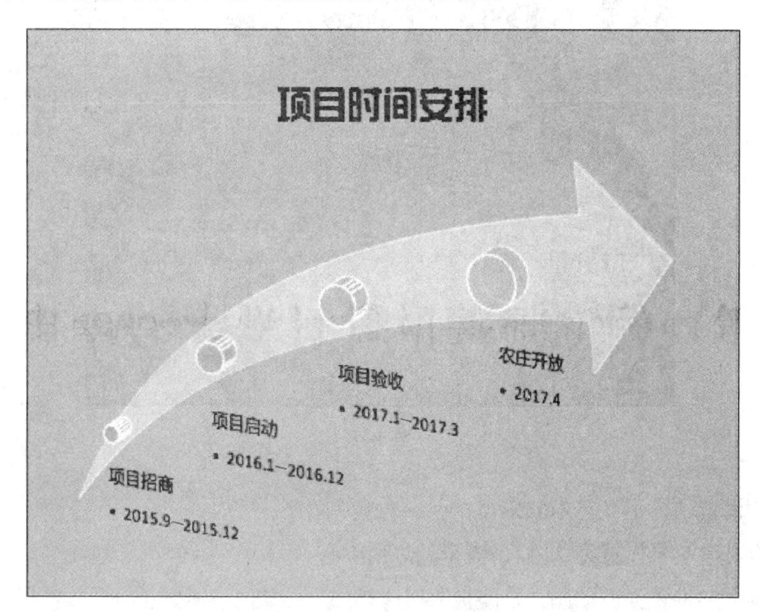

图3-26

（1）将内容文字以SmartArt流程图形式展示。

（2）对流程图的样式进行调整。

（3）添加进入动画，效果为“擦除”，效果选项为“逐个”，上一动画之后。

10. 幻灯片6设置要求如下，最终效果如图3-27所示。

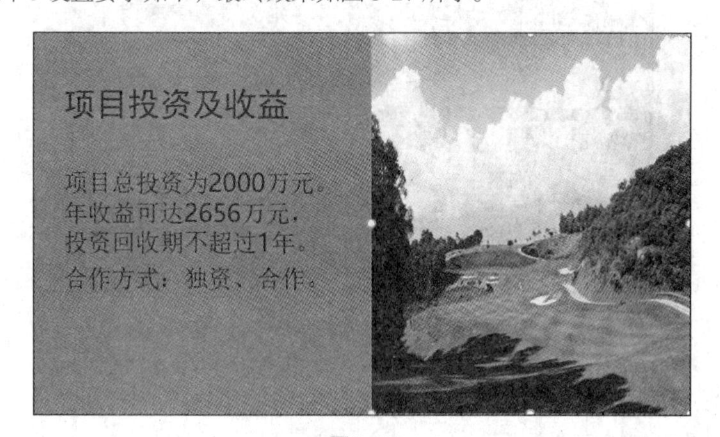

图3-27

（1）采用“两栏内容”版式。

（2）插入图片“图片4.jpg”，缩放及裁剪至合适大小，放置于文字右边。

（3）将标题文字移至左边，与内容文字左对齐。

11. 幻灯片7设置要求如下，最终效果如图3-28所示。

（1）插入图片“图片5.jpg”，缩放至合适大小，置于底层。

图 3-28

（2）图片设置“标记”艺术效果。

（3）内容文字字号设置为 72 磅，置于幻灯片中心。

（4）内容文字设置强调动画“跷跷板”，计时 0.5 秒、与上一动画同时”，直到幻灯片末尾。

12. 插入动作按钮，最终效果如图 3-29 所示。

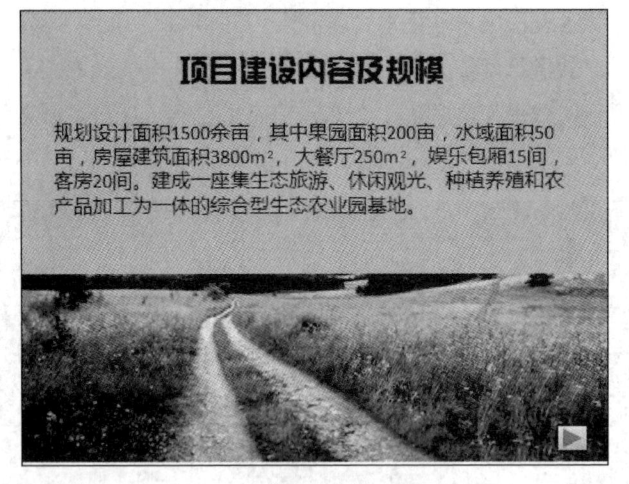

图 3-29

（1）在幻灯片 3 的右下角处插入按钮，设置超链接到幻灯片 2。

（2）设置动作按钮的形状样式。

（3）复制动作按钮到幻灯片 4～6 的相同位置。

13. 设置自定义放映，顺序为第 1 张—第 4 张—第 3 张，自定义放映名称为“简介”。

14. 按【Ctrl+S】快捷键保存文稿并提交。

四、拓展训练

将文件“学号+姓名+p3.pptx”另存为“学号+姓名+p3e.pptx”，对“学号+姓名+p3e.pptx”进行以下操作。

1. 打印设置如下。

（1）编辑页脚“生态休闲山庄项目”，全部应用。

（2）打印版式：讲义，每页 4 张幻灯片，横向打印。

2. 进入幻灯片浏览视图，对节进行编辑，最终效果如图 3-30 所示。

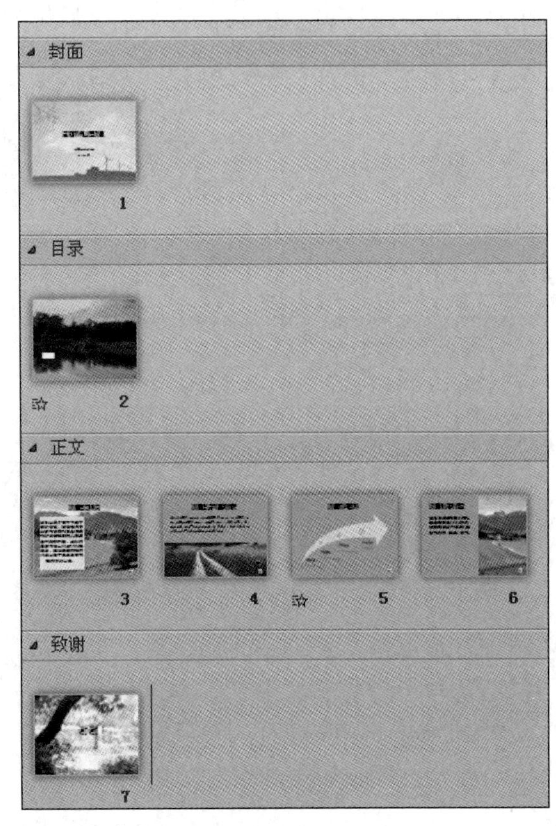

图 3-30

（1）将“默认节”名称改为“封面”，把幻灯片 1 移至该节中。

（2）新增节，重命名为“目录”，把幻灯片 2 移至该节中。

（3）新增节，重命名为“正文”，把幻灯片 3～6 移至该节中。

（4）新增节，重命名为“致谢”，把幻灯片 7 移至该节中。

3. 采用“排练计时”功能进行彩排，观察整个文稿的播放时长。

【提示】幻灯片放映—排练计时。

4. 创建讲义。要求：空行在幻灯片旁边。

【提示】打包并发送—创建讲义。

五、思考题

1. PowerPoint 有哪些视图模式？

2. 普通视图和幻灯片浏览视图有什么功能？它们的区别是什么？
3. “节”是什么？有什么作用？

六、参照文件

最终效果请参照“项目介绍.ppsx”。

任务 4　校园风景展

一、任务简介

在工作中经常会遇到制作含有大量图片的演示文稿的情况，通过插入相册的方式可以快速生成图片型演示文稿。

本任务包括快速生成相册，插入音频、视频，对音频和视频进行编辑等工作。完成本任务后，应达到以下目标。

1. 熟悉快速生成相册的操作。
2. 掌握音频、视频的插入及编辑。
3. 了解演示文稿对多媒体文件格式的支持程度。
4. 了解演示文稿打包成 CD、创建视频的操作方式。

二、主要知识点索引

本任务所涉及的主要知识点如表 3-4 所示。

表 3–4

序号	主要知识点	是否新知识
1	幻灯片基本操作	否
2	幻灯片版式	否
3	主题	否
4	演示文稿设置	否
5	图文对象	否
6	多媒体文件	是
7	切换	否
8	基本动画	否
9	高级动画	是
10	母版	否
11	排练及录制	否
12	打包、发布演示文稿	否

三、任务步骤

1. 启动 PowerPoint 2010，新建空白演示文稿。
2. 在“插入”选项卡中选择“相册”—“新建相册”，插入图片来自：文件/磁盘，选择“……\素材\第 3 章\3-任务 4\图片\图片 1.jpg～图片 8.jpg”，单击“创建”。
3. 将文稿以“学号+姓名+p4.pptx”为文件名保存到计算机桌面上。
4. 将幻灯片 4 移动至幻灯片 6 之后。

5．将幻灯片大小设置为标准（4∶3），并采用确保适合的缩放方式。

6. 在幻灯片2～9右下角统一添加南宁学院Logo图片（“图片9.jpg”）。

【提示】使用母版视图快速添加。

7. 幻灯片1设置要求如下，静态效果如图3-31所示。

图3-31

（1）主标题占位符中的文字改为“校园风景展”，格式设置为微软雅黑、66磅、加粗。

（2）副标题占位符中的文字改为“2021年1月”，格式设置为微软雅黑、24磅。

（3）为第1张幻灯片单独应用“平面”主题。

（4）主标题设置进入动画效果“缩放”，与上一动画同时、持续时间00.50、延迟00.50。

（5）副标题设置进入动画效果“随机线条”、效果选项“垂直“，上一动画之后、持续时间00.50、延迟00.10。

8. 幻灯片2设置要求如下，静态效果如图3-32所示。

图3-32

（1）选中图片，按【Ctrl+C】快捷键复制，按【Ctrl+V】快捷键粘贴，复制 2 张一样的图片。

（2）选中图片，单击“格式”选项卡，在“艺术效果”处选择“铅笔素描”。

（3）设置退出动画“淡出”，与上一动画同时，持续时间为 02.00，延迟时间为 00.50。

（4）将复制后的图片移动至与另一张图片重合。

9. 幻灯片 9 设置要求如下，静态效果如图 3-33 所示。

图 3-33

（1）选中图片，在格式选项卡中选择“裁剪”—“裁剪为形状”，选择“泪滴形”，纵横比为 1∶1。

（2）设置强调动画“放大/缩小”，上一动画之后，持续时间为 02.00。

（3）打开动画窗格，在效果选项中设置尺寸为 105%。

10. 新建幻灯片 10，静态效果如图 3-34 所示。

图 3-34

（1）采用“空白”版式。

（2）在幻灯片的上方中间插入横排文本框，输入文字“南院之春”，格式设置为微软雅黑、

32磅、绿色。

（3）插入视频，具体要求如下。

① 在系统中安装视频格式转换软件“格式工厂”。

【提示】安装文件为“FormatFactory_setup.exe”。

② 使用格式工厂软件将视频文件“南院之春.mov”的格式转换为mp4格式。

③ 在幻灯片10的文字下方插入转换后的mp4格式视频，调整位置和大小，并将视频设置为自动开始、“循环播放，直到停止”。

11. 设置切换效果如下。

（1）设置“推进”，效果选项“自左侧”，自动换片时间为00:03.00，全部应用。

（2）选中第1张幻灯片，更改切换效果为“覆盖”，修改自动换片时间为00:04.00。

12. 插入背景音乐，设置要求如下。

（1）在幻灯片2中插入音频文件“……\素材\第3章\3-任务4\高山流水.mp3”。

（2）将该音频设置为“放映时隐藏”“自动播放”，“循环播放直到停止”。

（3）选中音频图标，打开动画窗格，设置该音频效果选项为“从头开始播放”，在第8张幻灯片后停止播放。

13. 将文件保存为ppsx格式。

14. 提交文件。

四、拓展训练

将文件“学号+姓名+p4.pptx”另存为“学号+姓名+p4e.pptx”，对“学号+姓名+p4e.pptx”进行以下操作。

1. 将演示文稿创建为视频，命名为“班级+姓名+p4es”并保存到计算机桌面上。
2. 将演示文稿打包成CD，命名为“班级+姓名+p4ec”并保存到计算机桌面上。
3. 录制幻灯片演示，要求：播放旁白、使用计时、显示媒体控件，从头开始录制。

【提示】幻灯片放映—录制幻灯片演示，录制过程会根据旁白产生一个音频文件，录完后选择“另存为”选项，再选择“WMV”格式，即可导出有演讲者旁白声音的视频文件。

4. 新建空白演示文稿，设置幻灯片方向为纵向。

【提示】设计—页面设置。

五、思考题

1. 将演示文稿创建成视频有什么用?
2. 将演示文稿打包成CD有什么用?
3. 演示文稿直接创建的视频与采用“幻灯片演示”另存为的视频有什么区别?

六、参照文件

最终效果请参照“校园风景展.ppsx”。

任务 5　产品展示

一、任务简介

产品介绍是公司产品营销策略的一个环节，力求引起顾客对产品的兴趣，这是实现销售目的的关键。

本任务主要学习如何运用母版达到快速统一 PPT 风格的目的。完成本任务后，应达到以下目标。

1. 了解母版视图。
2. 学会创建母版。
3. 学会运用母版达到快速统一 PPT 风格的目的。

二、主要知识点索引

本任务所涉及的主要知识点如表 3-5 所示。

表 3-5

序号	主要知识点	是否新知识
1	幻灯片基本操作	否
2	幻灯片版式	否
3	稿示文稿设置	是
4	图文对象	否
5	超链接	否
6	切换	否
7	基本动画	否
8	母版	否
9	模板	是

三、任务步骤

1. 启动 PowerPoint 2010，新建空白演示文稿。
2. 将文稿以“学号+姓名+p5.pptx”为文件名保存到计算机桌面上。
3. 在“设计”选项卡中，页面设置中的幻灯片大小设置为“16：10”。
4. 进入幻灯片母版视图，对幻灯片母版进行创建设计。

（1）保留前 3 张幻灯片，删除后面所有幻灯片，如图 3-35 所示。

（2）（母版视图下）幻灯片 1 设置要求如下，设置后效果如图 3-36 所示。

① 插入两个矩形，填充“白色，背景 1，深色 5%”，轮廓设为“白色，背景 1，深色 15%”，置于底层。矩形分别放置在左右两侧。

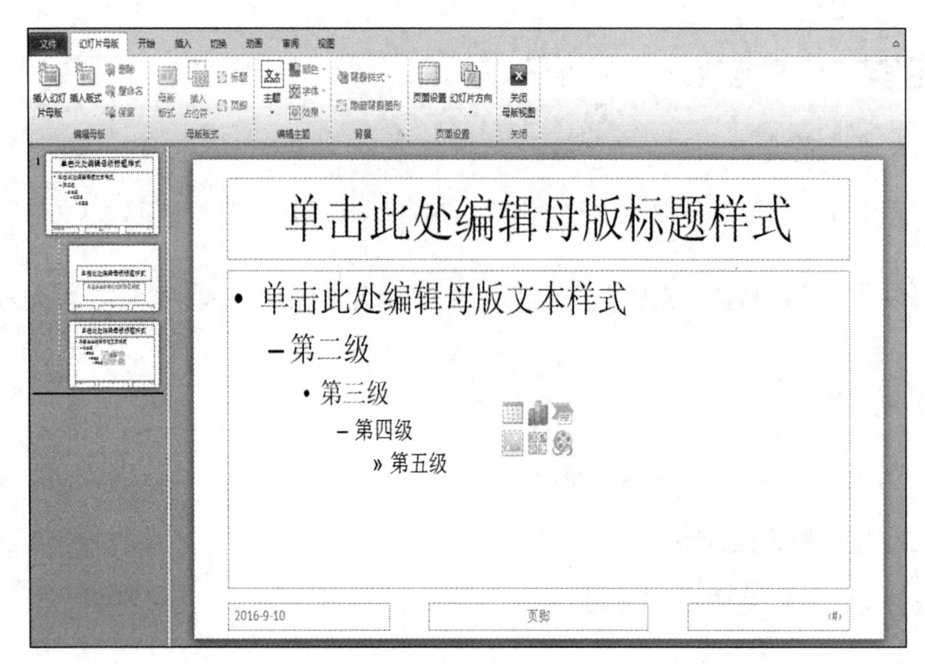

图 3-35

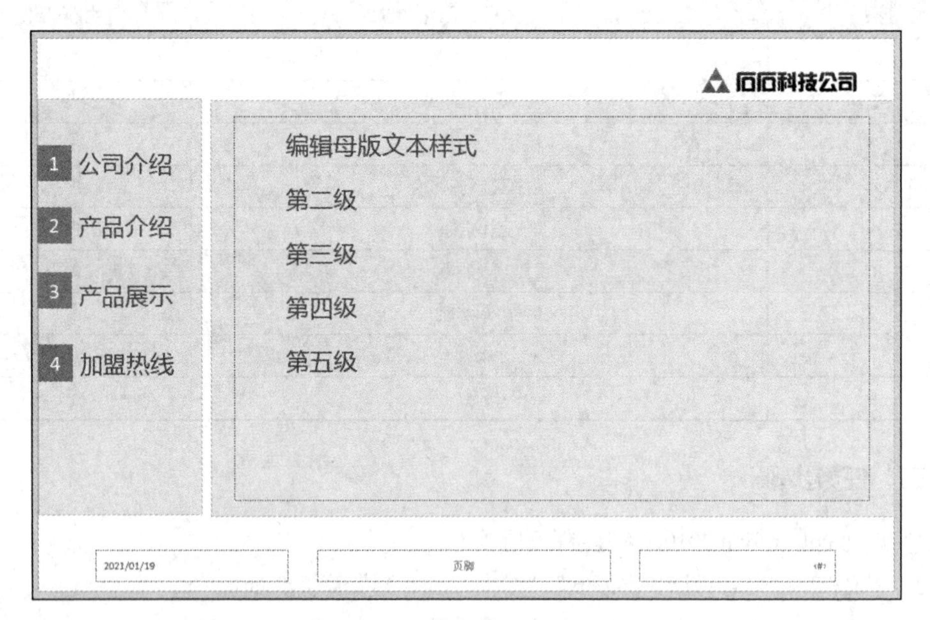

图 3-36

② 删除标题占位符，将内容占位符移动到合适大小和位置，设置“取消项目符号”，格式为微软雅黑，20磅，字体颜色为“白色，背景1，深色50%”，适当调整文字位置。

③ 左侧添加矩形符号和导航文字。矩形设置为“白色，背景1，深色35%”，填充文字为白色。导航文字格式为微软雅黑、20磅，字体颜色为“白色，背景1，深色50%”。

④ 插入图片“图片1.png”，放置在右上角位置。

（3）（母版视图下）幻灯片2设置要求如下，最终效果如图3-37所示。

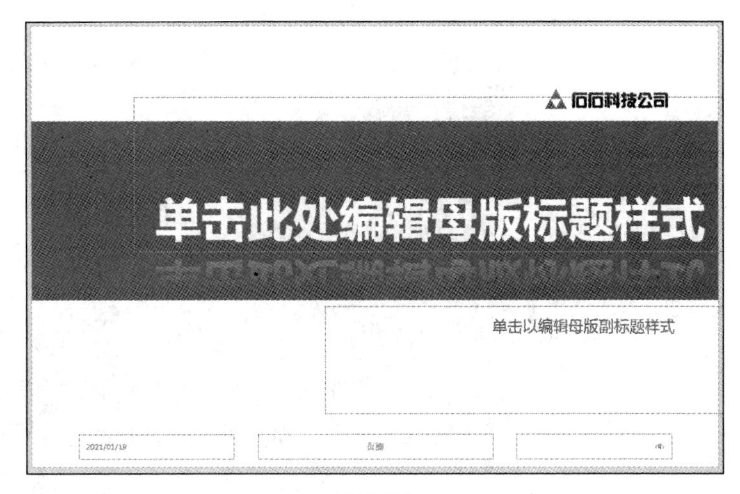

图 3-37

① 隐藏背景图形。

② 插入矩形，填充“白色，背景 1，深色 50%”，无轮廓，置于底层。

③ 标题占位符设置为微软雅黑、48 磅、加粗、白色、“紧密映像，接触”，内容占位符设置为微软雅黑、16 磅。适当调整占位符位置。

④ 插入图片“图片 1.png”，放置在右上角位置。

（4）（母版视图下）幻灯片 3 设置要求如下，最终效果如图 3-38 所示。

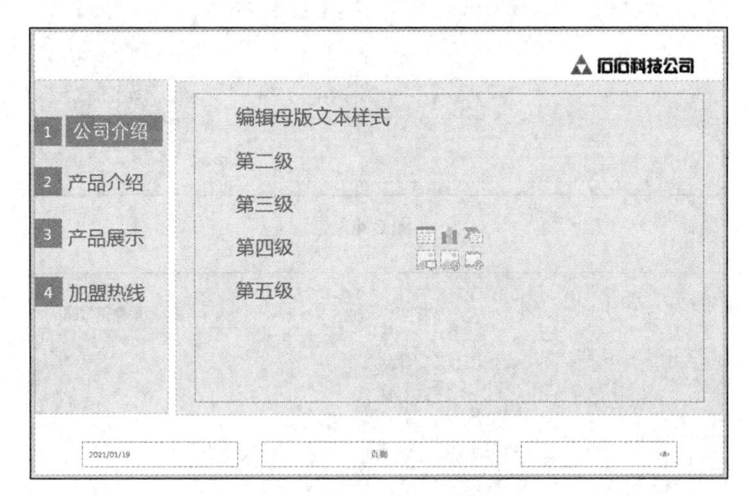

图 3-38

① 添加一个矩形，填充“白色，背景 1，深色 35%”。

② 矩形内输入文字“公司介绍”，格式设置为微软雅黑、20 磅、加粗、白色。

③ 将内容占位符移动到合适大小和位置，设置“取消项目符号”，格式为微软雅黑，20 磅，字体颜色为“白色，背景 1，深色 50%”，适当调整文字位置。

（5）（母版视图下）对幻灯片 3 进行复制，连续粘贴 3 张，按上述操作制作幻灯片 4～6，最终效果如图 3-39、图 3-40、图 3-41 所示。

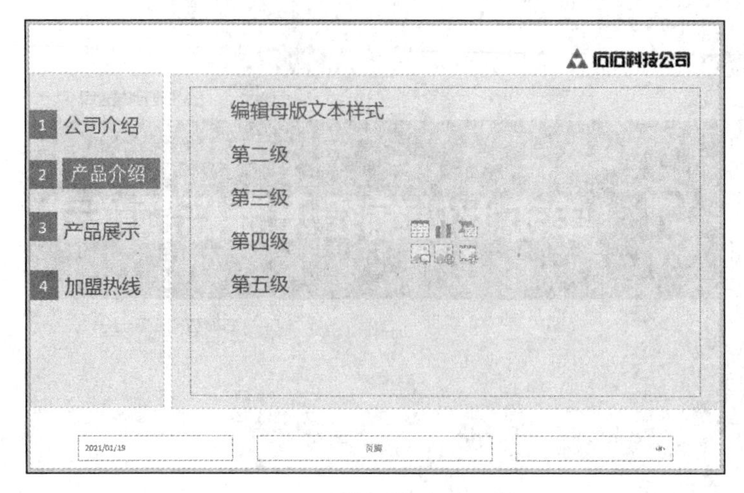

图 3-39

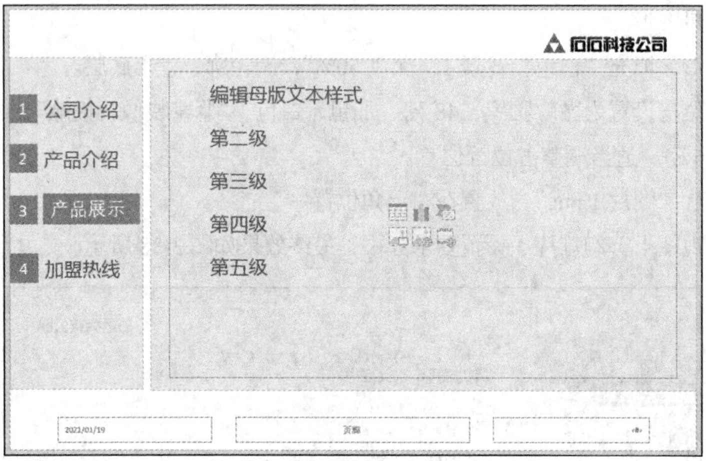

图 3-40

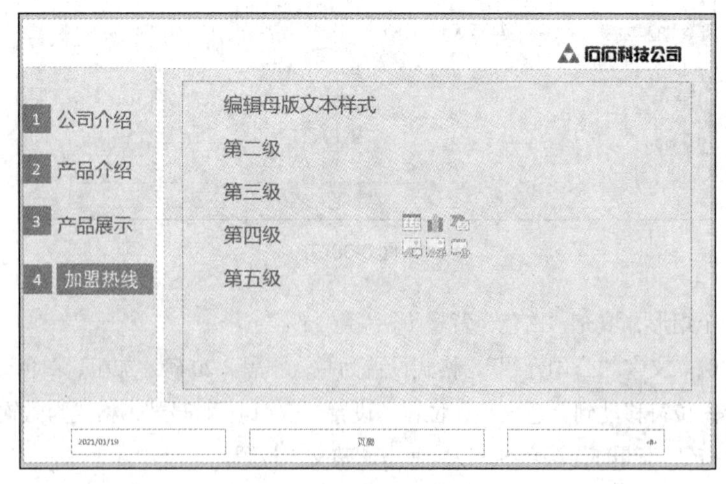

图 3-41

（6）关闭母版视图。

5. 在原有幻灯片基础上再新建 7 张幻灯片。

6. 幻灯片 1 设置要求如下，静态效果如图 3-42 所示。

图 3-42

（1）采用“标题幻灯片”版式。

（2）根据样张输入标题及副标题。

（3）插入图片“图片 2.png”，调整图片大小，置于合适位置。

（4）选中副标题，设置动作：鼠标指针移过时突出显示。

【提示】插入—动作—鼠标悬停—鼠标指针移过时突出显示。

7. 幻灯片 2 设置要求如下，最终效果如图 3-43 所示。

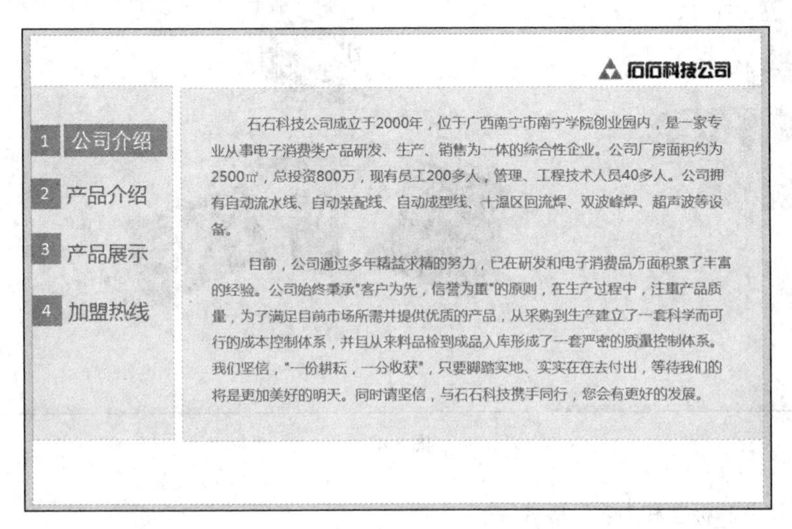

图 3-43

（1）采用“标题和内容”版式。

（2）内容占位符文字见文本素材“文本.txt”。字号设置为“14 磅”。

8. 幻灯片3设置要求如下，最终效果如图3-44所示。

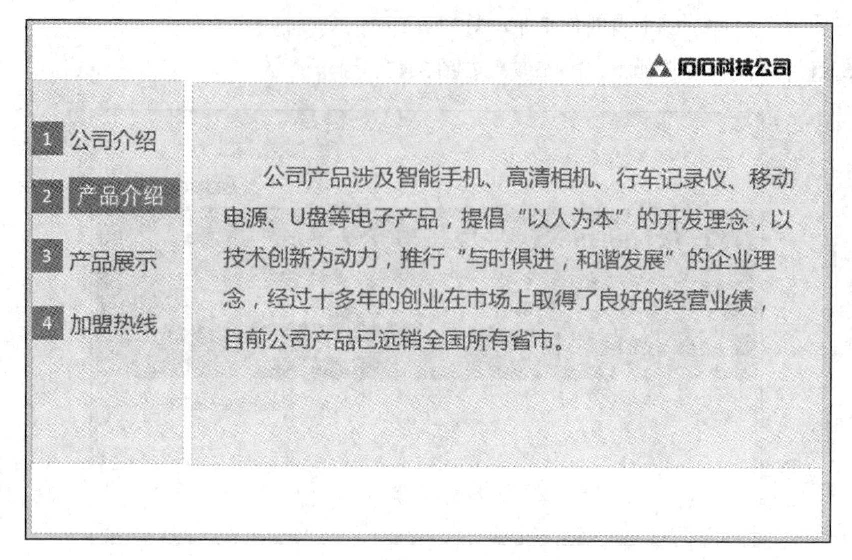

图3-44

（1）采用“1_标题和内容”版式。

（2）内容占位符文字见文本素材“文本.txt”。

9. 幻灯片4～7设置要求如下，最终效果如图3-45所示。

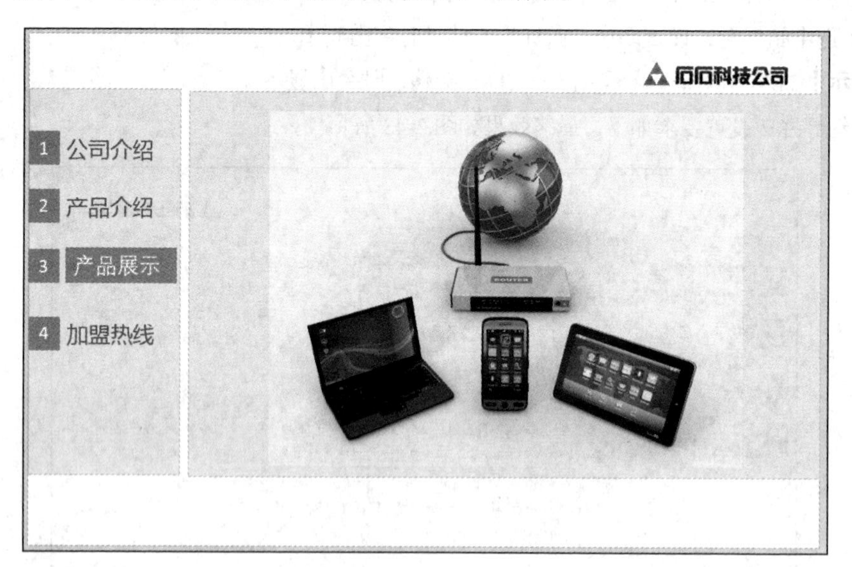

图3-45

（1）采用“2_标题和内容”版式。

（2）在幻灯片4～7中分别插入图片“图片3～6.jpg”。

10. 幻灯片8设置要求如下，最终效果如图3-46所示。

（1）采用“3_标题和内容”版式。

（2）插入图片“图片 7～10.png”和文本框，进行合理设计。

图 3-46

11. 设置切换效果“推进”，效果选项为“自左侧”，全部应用。

12. 按【Ctrl+S】快捷键保存文稿并提交。

四、拓展训练

将文件“学号+姓名+p5.pptx”另存为“学号+姓名+p5e.pptx”，对“学号+姓名+p5e.pptx”进行以下操作。

1. 对幻灯片进行动画设置。

（1）对幻灯片 1 中的标题设置进入动画为“螺旋飞入，上一动画之后”。

（2）对幻灯片 2 中的内容设置进入动画为“飞入”，效果选项为“按段落，上一动画之后”。

（3）利用动画刷复制幻灯片 2 的内容动画至幻灯片 3～7 的内容中。

（4）对幻灯片 8 设置进入动画为“飞入”，效果选项详见“产品展示（拓展）.ppsx”。

2. 保存为模板，并根据模板创建文件。

（1）将该文件另存为模板“学号+姓名+p5p.posx”，关闭文件。

（2）启动 PowerPoint 2016，选择“新建”—“我的模板”，选择“学号+姓名+p5p”进行创建。

五、思考题

1. 什么是母版？
2. 母版有什么作用？
3. 什么叫版式？版式有什么作用？
4. 什么叫占位符？占位符有什么作用？

六、参照文件

1. 最终效果请参照“产品展示.ppsx”。
2. 拓展训练效果请参照“产品展示（拓展）.ppsx”。

任务6　动画制作

一、任务简介

演示文稿中运用动画可以大大增添文稿的可观性和趣味性。本任务主要通过常用的动画和各种组合达到预期的连续动画效果。完成本任务后，应达到以下目标。

1. 了解和认识动画窗格。
2. 利用动画窗格设置计时。
3. 熟悉效果选项设置。
4. 熟悉添加动画。
5. 学会触发动画。

二、主要知识点索引

本任务所涉及的主要知识点如表3-6所示。

表3-6

序号	主要知识点	是否新知识
1	幻灯片基本操作	否
2	图文对象	否
3	基本动画	否
4	高级动画	否
5	演示文稿设置	否
6	图文对象	否

三、任务步骤

1. 启动PowerPoint 2010，新建空白演示文稿。
2. 将文稿以“学号+姓名+p6.pptx”为文件名保存到计算机桌面上。
3. 新建3张幻灯片，加上原有1张幻灯片，共4张幻灯片，全部采用“空白”版式。
4. 为幻灯片1制作“加载”动画，设置要求如下。

（1）插入若干个圆形，调整大小，从小到大排列成一个圆形，如图3-47所示。

（2）将全部圆形组合，设置“陀螺旋”的强调动画，调整好时间和次数。

5. 为幻灯片2制作“滚动条”动画，设置要求如下，静态效果如图3-48所示。

（1）插入一个长形的圆角矩形，复制及粘贴形成2个一样的圆角矩形。

（2）将2个圆角矩形设置为反差较大的形状样式，然后重叠在一起。

（3）将置于上方的圆角矩形设置自左侧擦除的进入动画，根据需求设置动画时间。

（4）同理，设置其他样式的滚动条动画。

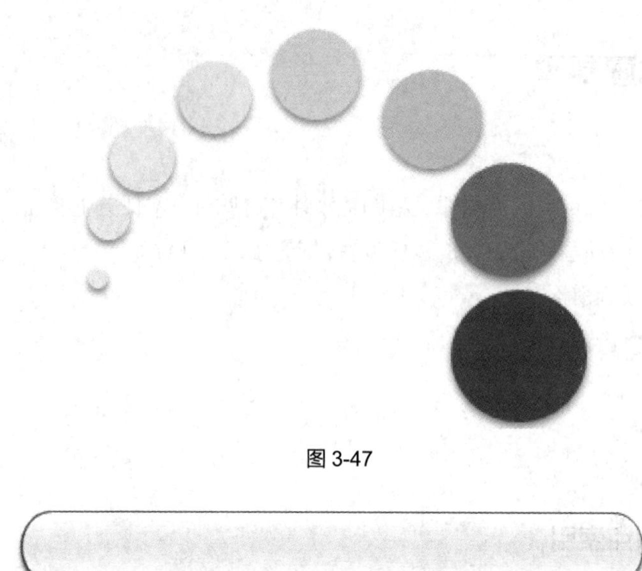

图 3-47

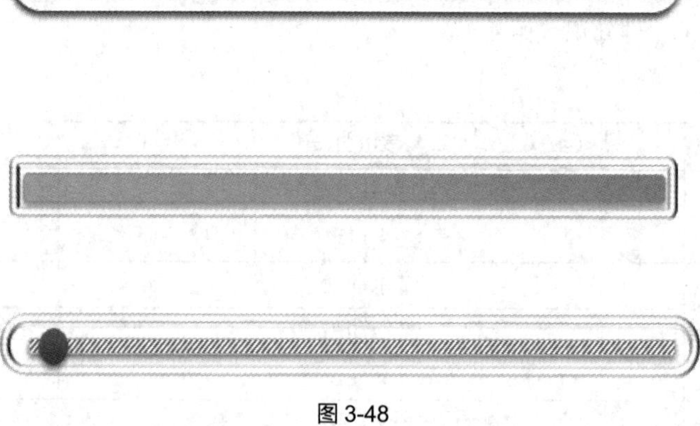

图 3-48

6. 为幻灯片 3 制作“触发器动画”，设置要求如下，静态效果如图 3-49 所示。

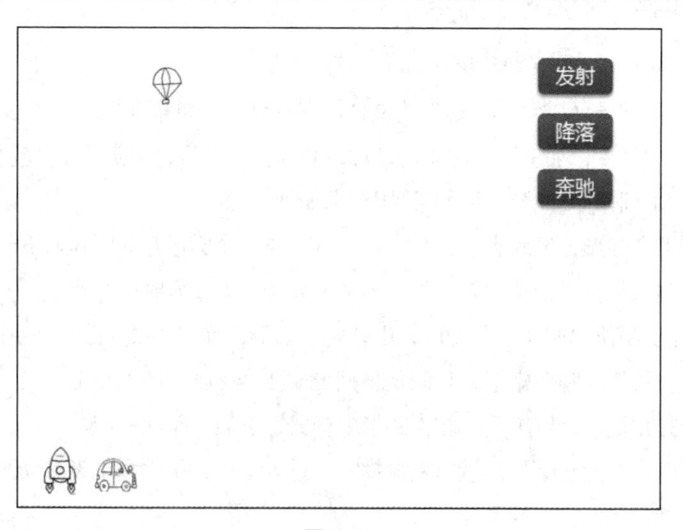

图 3-49

（1）插入图片“图片 1.jpg”。

（2）插入一个圆角矩形，设置形状样式后，编辑文字“发射”。

（3）给火箭（图片 1）设置向上的直线动作路径，在触发处选择上一步中插入的圆角矩形。

（4）同理，插入图片 2～3，设置相应的触发动画。

7. 为幻灯片 4 制作“时钟”动画，设置要求如下，静态效果如图 3-50 所示。

图 3-50

（1）依次插入图片“图片 4～7.png”，调整各图片位置，组成一个时钟。

（2）给时针和分针设置陀螺旋的强调动画（选择图片时，可通过选择窗格进行选择）。

（3）调整 2 个动画的时间和次数，使得分针转动 12 圈，时针转动 1 圈。

8. 保存并提交。

四、拓展训练

将文件“学号+姓名+p6.pptx”另存为“学号+姓名+p6e.pptx”，对“学号+姓名+p6e.pptx”进行以下操作。

1. 在幻灯片 4 后面新建 2 张幻灯片，采用“空白”版式。

2. 为幻灯片 5 制作“汽车快速驶入”动画，静态效果如图 3-51 所示。

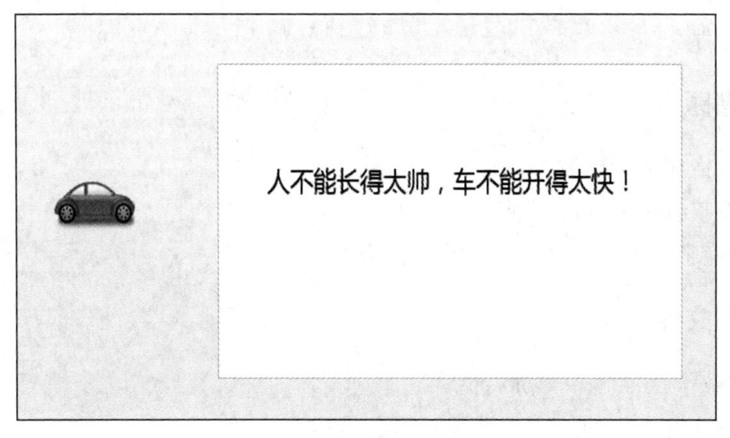

图 3-51

（1）插入文本框，输入文字"人不能长得太帅，车不能开得太快!"，调整字体、字号，置于幻灯片中间。

（2）插入图片"图片8.png"，置于幻灯片编辑区以外左侧。

（3）给小汽车（图片8）设置向右的直线动作路径，直至行驶到编辑区以外右侧。

（4）给文本框中的文字添加波浪形的强调动画。

（5）调整2个动画的时间和次数，直至动画效果相互配合。

3. 为幻灯片6制作"骑自行车"动画，设置要求如下，静态效果如图3-52所示。

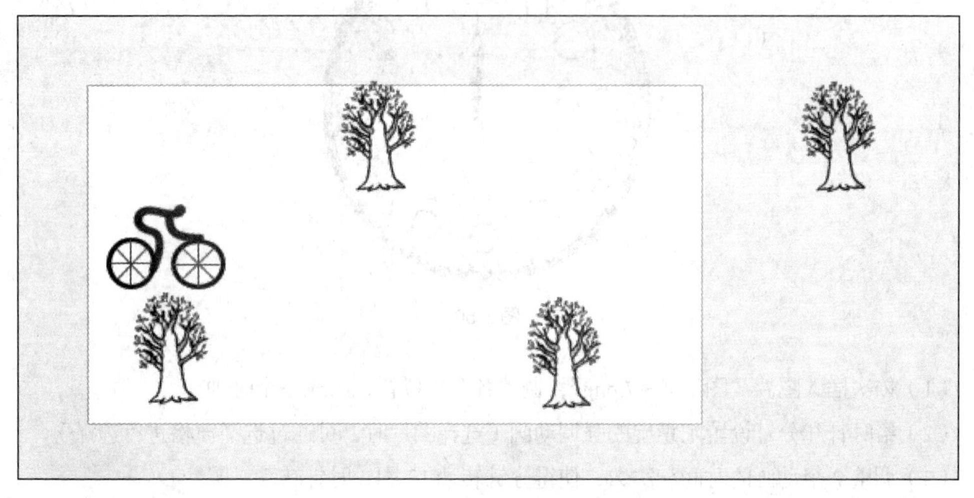

图3-52

（1）插入图片"图片9.png"，通过插入形状给图片9的小人绘制两个车轮，形成正在骑车的小人。

（2）插入图片"图片 10.png"，复制及粘贴分布在骑车小人的四周，并延伸至幻灯片编辑区以外。

（3）给小人（图片9）和绘制的车轮分别添加向右的直线动作路径，给树木（图片10）添加向左的直线动作路径。

4. 保存并提交。

五、思考题

1. 动画窗格有什么作用?
2. 怎么调整动画发生的前后顺序?
3. 触发动画除了形状触发，还可以采取什么方式来触发?

六、参照文件

1. 最终效果请参照"高级动画.ppsx"。
2. 拓展训练效果请参照"高级动画（拓展）.ppsx"。

综合训练

一、演示文稿操作 1

打开演示文稿 PPT1.pptx，按照下列要求完成对此演示文稿的修饰并保存。

1. 全部幻灯片切换方案为“擦除”，效果选项为“自顶部”。

2. 将第 1 张幻灯片版式改为“两栏内容”，将图片 pic1.png 插入左侧内容区，将第 3 张幻灯片文本内容移到第 1 张幻灯片右侧内容区。

3. 设置第 1 张幻灯片中图片的“进入”动画效果为“形状”，效果选项为“方向—缩小”，设置文本部分的“进入”动画效果为“飞入”，效果选项为“自右上部”，动画顺序为先文本后图片。

4. 将第 2 张幻灯片版式改为“标题和内容”，标题为“拥有领先优势，胜来自然轻松”，标题格式设置为黑体、加粗、42 磅，内容部分插入图 pic2.png。

5. 在第 1 张幻灯片前插入版式为“标题幻灯片”的新幻灯片，主标题为“成熟技术带来无限动力!”，副标题为“让中国与世界同步”。

6. 将第 2 张幻灯片移动为第 3 张幻灯片。

7. 将第 1 张幻灯片背景格式的渐变填充效果设置为预设颜色“浅绿”，类型为“路径”。

8. 删除第 4 张幻灯片。

二、演示文稿操作 2

打开演示文稿 PPT2.pptx，按照下列要求完成对此演示文稿的修饰并保存。

1. 为整个演示文稿应用“丝状”主题，全部幻灯片切换方案为“华丽型”—“碎片”，效果选项为“粒子向外”，放映方式为“观众自行测览”。

2. 将第 1 张幻灯片版式改为“两栏内容”，标题为“分质供水”，将图片 pic3.png 插入右侧内容区，设置图片的“进入”动画效果为“旋转”。

3. 将第 2 张幻灯片的版式改为“标题和竖排文字”。

4. 在第 1 张幻灯片前插入版式为“标题幻灯片”的新幻灯片，主标题为“分质供水，离我们有多远”，主标题格式设置为黑体、加粗、45 磅，副标题为“水龙头一开，生水可饮”，标题幻灯片背景为“绿色大理石”纹理，并隐藏背景图形。

5. 将第2张幻灯片移为第3张幻灯片。

三、演示文稿操作3

打开演示文稿 PPT3.pptx，按照下列要求完成对此演示文稿的修饰并保存。

1. 第2张幻灯片的版式改为“两栏内容”，将第3张幻灯片的文本移动到第2张幻灯片左侧内容区，右侧内容区插入图片 pic4.png，设置图片的“进入”动画效果为“飞旋”，持续时间为2秒。

2. 第1张幻灯片的版式改为“垂直排列标题与文本”，标题为“神舟十号飞船的飞行与工作”。

3. 第1张幻灯片前插入一张版式为“空白”的新幻灯片，在相应位置（自左上角，水平1.2厘米，垂直7.1厘米）插入样式为“填充：蓝色，主题色2；边框;蓝色，主题色2”的艺术字“神舟十号飞船载人航天首次应用性飞行”，艺术字文字效果为“转换—跟随路径—拱形”，艺术字宽度为22厘米，高度为6厘米。将第2张幻灯片移为第3张幻灯片，并删除第4张幻灯片。

4. 第1张幻灯片的背景设置为“花束”纹理。

5. 全文幻灯片切换方案设置为“华丽型”“框”，效果选项为“自底部”。

四、演示文稿操作4

打开演示文稿 PPT4.pptx，按照下列要求完成对此演示文稿的修饰并保存。

1. 为整个演示文稿应用“丝状”主题，全部幻灯片切换方案为“闪光”。

2. 在第1张幻灯片前插入版式为“两栏内容”的新幻灯片，标题为“具有中医药文化特色的同仁堂中医医院”，将图片 pic5.png 插入到右侧内容区，设置图片的“进入”动画效果为“翻转式由远及近”，将第2张幻灯片的第2段文本移动到第1张幻灯片左侧内容区。

3. 第2张幻灯片版式改为“比较”，标题为“北京同仁堂中医医院”，将图片 pic6.png 插入右侧内容区，设置左侧文本的“进入”动画效果为“飞入”，效果选项为“自左侧”。

4. 在第1张幻灯片前插入版式为“空白”的新幻灯片，在相应位置（自左上角，水平1.5厘米，垂直8.1厘米）插入样式为“填充—深红，主题色1，50%；清晰阴影：深红，主题色1”的艺术字“名店、名药、名医的同仁堂中医医院”，艺术字文字效果为“转换—跟随路径—拱形-下”，艺术字高为3.5厘米，宽为22厘米。

5. 将第2张幻灯片移为第3张幻灯片。

6. 删除第4张幻灯片。

Chapter 4

第 4 章

电子表格软件综合应用

电子表格软件是常用的办公工具。它是一种功能强大的数据处理及分析软件，可用于制作电子表格、完成数据运算、进行数据统计和分析等。本章以常用的数据分析软件 Excel 2016 为例，综合应用 Excel 2016 的相关知识及操作技能，引导学习者以任务为学习单元，在真实情景中完成电子表格应用的综合技能训练。完成全部任务后，学习者将能胜任真实工作中常见的数据处理及分析工作。

任务单元

微课视频

任务 1　员工品行考核表

任务 2　工程进度计划表

任务 3　员工工资结算表

任务 4　活动经费收支报表

任务 5　学生成绩统计表

任务 6　企业基本开销分析

任务 7　销售情况分析

任务 8　考生信息库

任务1 员工品行考核表

一、任务简介

员工品行考核是绩效考核中非常重要的考核环节，通常需要对员工的责任感、忠诚度等品行考核指标进行打分、统计及分析等操作。

本任务包括对员工品行考核表进行简单编辑、修改和统计等工作，完成任务后，应达到以下目标。

1. 熟悉 Excel 2016 的工作环境及相关概念。
2. 了解 Excel 2016 的基本数据录入及修改方式。
3. 了解 Excel 2016 中的数据类型及数据格式，并熟悉其设置及更改方式。
4. 了解简单的格式设置。
5. 初步了解 Excel 2016 工作表的操作。

二、主要知识点索引

本任务所涉及的主要知识点如表 4-1 所示。

表 4–1

序号	主要知识点	是否新知识
1	Excel 工作环境及文件类型	是
2	电子表格中的基本操作对象	是
3	直接输入数据	是
4	数据的自动填充	是
5	数据修改	是
6	数据格式及类型	是
7	工作表的基本操作	是
8	对齐和字体	是
9	自动计算	是
10	工作簿和工作表的加密和保护	是
11	电子表格中常见的标记和按钮	是
12	行和列的设置	是

三、任务步骤

1. 新建空白工作簿，以“学号+姓名+e1.xlsx”命名，并将该工作簿另存到计算机桌面上。
2. 在 Sheet1 工作表上进行如下操作，数据和效果如图 4-1 所示。

（1）按图 4-2 录入数据。

（2）交换“积极学习”和“财务明净”两列数据的位置。

【提示】方法 1：剪切列—插入剪切的单元格。方法 2：插入列—移动单元格—删除列。

	A	B	C	D	E	F	G	H	I	J
1	工号	姓名	评分日期	工作热情	责任感	财务明净	忠诚度	积极学习	总分	平均分
2	01	刘毅	2021年11月3日	88	90	84	84	65	411	82.20
3	02	杨丽红	2021年11月3日	81	88	82	81	71	403	80.60
4	03	马力	2021年11月3日	96	79	81	76	71	403	80.60
5	04	莫正宇	2021年11月3日	85	93	87	90	89	444	88.80
6	05	莫政彬	2021年11月3日	53	62	52	57	57	281	56.20
7	06	潘月林	2021年12月3日	87	78	86	83	73	407	81.40
8	07	彭定安	2021年11月3日	89	75	86	80	85	415	83.00
9	08	孙慧敏	2021年12月3日	84	71	82	78	85	400	80.00
10	09	韦宣宇	2021年11月3日	80	81	87	87	90	425	85.00
11	10	谢佳孟	2021年11月3日	79	65	85	81	75	385	77.00

图 4-1

	A	B	C	D	E	F	G	H	I
1	姓名	评分日期	工作热情	责任感	积极学习	忠诚度	财务明净	总分	平均分
2	刘毅	2021/11/3	88	90	65	84	84		
3	杨丽红	2021/11/3	81	88	71	81	82		
4	马力	2021/11/3	96	79	71	76	81		
5	莫正宇	2021/11/3	85	93	89	90	87		
6	莫政彬	2021/11/3	53	62	57	57	52		
7	潘月林	2021/12/3	87	78	73	83	86		
8	彭定安	2021/11/3	89	75	85	80	86		
9	孙慧敏	2021/12/3	84	71	85	78	82		
10	韦宣宇	2021/11/3	80	81	90	87	87		
11	谢佳孟	2021/11/3	79	65	75	81	85		

图 4-2

（3）在“姓名”列前插入一列“工号”，并依次输入数据，如图 4-3 所示。

工号	姓名
01	刘毅
02	杨丽红
03	马力
04	莫正宇
05	莫政彬
06	潘月林
07	彭定安
08	孙慧敏
09	韦宣宇
10	谢佳孟

图 4-3

【提示】修改数据类型、使用自动填充。

（4）将“评分日期”一列的列宽设为 9。

（5）将评分日期从原来的格式改为“*年*月*日”。

【提示】应将表格中的符号“#”去掉，调整列宽即可。

（6）求总分、平均分，其中平均分保留小数点后位数为 2 位。

（7）将表头行中的文字设置为“水平居中、加粗、红色”。

3. 将 Sheet1 的数据区域 A1：H11 复制到 Sheet2 中的 B2 起始区域（仅粘贴值）。

4. 将 Sheet1 重命名为“品行考核”。

5. 在 Sheet2 工作表上进行如下操作，效果如图 4-4 所示。

	A	B	C	D	E	F	G	H	I
1									
2		工号	姓名	积极性	责任感	财务明净	忠诚度	积极学习	
3		01	刘毅	88	90	84	84	65	
4		02	杨丽红	81	88	82	81	71	
5		03	马力	96	79	81	76	71	
6		04	莫正宇	85	93	87	90	89	
7		05	莫政彬	53	62	52	57	57	
8		06	潘月林	87	78	86	83	73	
9		07	彭定安	89	75	86	80	85	
10		08	孙慧敏	84	71	82	78	85	
11		09	韦宣宇	80	81	87	87	90	
12		10	谢佳孟	79	65	85	81	75	
13									
14									

图 4-4

（1）将“评分日期”一列删除。

（2）将 D2 单元格的数据修改为“积极性”。

6. 保存文件并提交给老师。

四、拓展训练

将文件“学号+姓名+e1.xlsx”另存为“学号+姓名+e1e.xlsx”，以下对“学号+姓名+e1e.xlsx”进行操作。

1. 在 Sheet3 中的 B2 单元格输入数据“3/4”。

2. 将打开密码设为“123456”。

3. 将工作表“品行考核”中“工号”一列单元格左上角出现的绿色小三角去除。

4. 将文件提交给老师。

五、思考题

1. Excel 2016 可以用来做什么工作？它的操作界面与 Word 2016 和 PowerPoint 2016 有什么区别？

2. 什么是工作簿？

3. 电子表格常用的文件类型有哪些？

4. 什么是工作表？

5. 单元格、行、列、活动单元格、区域及地址的概念。

6. 单元格中出现符号“#”时表示什么？如何使它消失？

7. 活动单元格内容是不是总与编辑栏内容是一样的，为什么？

8. 编辑栏有什么作用？

9. 单元格中有哪些按钮和三角形?

六、参照文件

1. 最终效果请参照"员工品行考核表.xlsx"。
2. 拓展训练效果请参照"员工品行考核表（扩展）.xlsx"。

任务 2　工程进度计划表

一、任务简介

电子表格不仅可用于数据整理及数据统计，还可以在美化格式后用来演示数据及数据间的关系。

本任务以某装修工程施工进度计划表为素材，完成一系列对工程进度计划表的美化操作及可视化设置的任务，达到如下学习目标。

1. 了解工作表间及工作簿间的关系，并掌握在不同工作表的工作簿间复制或移动数据的方法。
2. 了解查看大表格数据时的常用技巧，如冻结窗格、显示比例设置等。
3. 掌握工作表的操作。
4. 掌握常用的电子表格格式设置的方法。
5. 巩固自动填充的知识。
6. 复习数据计算的步骤，掌握使用自定义公式进行计算的方法。
7. 巩固数据的修改操作。

二、主要知识点索引

本任务所涉及的主要知识点如表 4-2 所示。

表 4–2

序号	主要知识点	是否新知识
1	工作表的基本操作	否
2	工作表窗口的拆分和冻结	是
3	对齐和字体	否
4	格式的复制和删除	是
5	行和列的设置	否
6	自定义公式及引用	是
7	数据的自动填充	否
8	数据修改	否
9	边框和底纹	是
10	电子表格中常用的快捷键	是

三、任务步骤

1. 新建空白工作簿，以“学号+姓名+e2.xlsx”命名，并将该工作簿另存到计算机桌面上。
2. 打开工作簿“工程进度计划表（原始）.xlsx”。
3. 将“工程进度计划表（原始）.xlsx”中的“进度计划”工作表复制到“学号+姓名+e2.xlsx”中。
4. 将“学号+姓名+e2.xlsx”中原有的 Sheet1～Sheet3 工作表删除。
5. 关闭“工程进度计划表（原始）.xlsx”工作簿。

以下的操作都在“学号+姓名+e2.xlsx”工作簿中的“进度计划”工作表上完成，效果如图 4-5 所示。

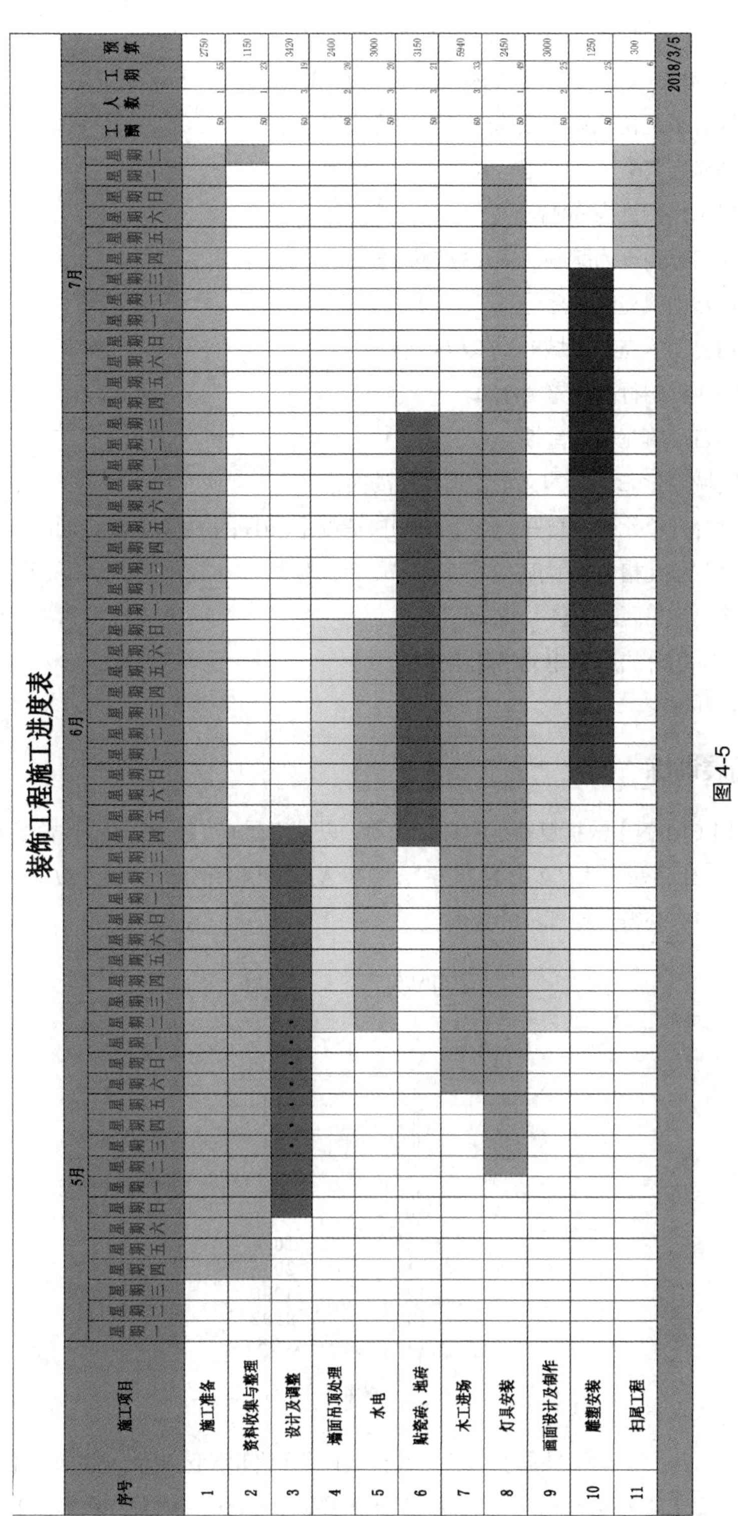

图 4-5

6. 基于单元格 C4 冻结窗格。

7. 将单元格区域“BL2：BL3”合并居中，并在合并后的单元格中录入“预算”两个字。

8. 将合并单元格 BK2 的格式复制到合并单元格 BL2。

9. 将 BI、BJ、BK、BL 4 列的列宽都设为 6.88（60 像素）。

10. 计算各项工作预算（预算=工酬×人数×工期）。

11. 取消冻结窗格。

12. 将显示比例设为 60%。

13. 将表格标题设为跨列居中（标题原本在 A1 单元格中）。

14. 使用自动填充录入序号。

15. 使用自动填充在区域 L6：R6 快速录入星号。

16. 将第 3 行的行高设置为 120。

17. 使用自动填充填入星期。

18. 将区域 C3：BH 中的文本设置为自动换行。

19. 清除合并单元格 A15 的内容，使用快捷键【Ctrl+;】输入当前日期。

20. 将合并单元格 A15 的底纹填充为“白色，背景 1，深色 35%”（第 1 列、第 4 行）。

21. 清除单元格区域 BI4：BK14 的格式。

22. 为除标题外的所有单元格加上边框。

23. 保存并提交。

四、拓展训练

1. 使用【Ctrl+N】快捷键新建空白工作簿，以“学号+姓名+e2e.xlsx”命名并保存。

2. 将 Sheet1 重命名为“2 的 N 次方”，并在 A1 单元格起始区域录入数据，如图 4-6 所示，使用等比序列填充获得加粗部分的数据。

2的*N*次方	数值
1	**2**
2	**4**
3	**8**
4	**16**
5	**32**
6	**64**
7	**128**
8	**256**
9	**512**
10	**1024**
11	**2048**
12	**4096**
13	**8192**
14	**16384**

图 4-6

3. 将 Sheet2 重命名为“圆的周长”，并在 A1 单元格起始区域录入数据，如图 4-7 所示，使用圆周计算公式计算获得加粗部分的数据（圆周计算公式为周长=2×3.14×半径）。

半径	周长
1	6.28
2	12.56
3	18.84
4	25.12
5	31.4
6	37.68
7	43.96
8	50.24
9	56.52
10	62.8
11	69.08
12	75.36
13	81.64
14	87.92

图 4-7

4. 保存文件并提交给老师。

五、思考题

1. 除【Ctrl+;】快捷键外，还有哪些快捷键？
2. 冻结窗格有什么作用？如何只冻结表格的首行或首列？
3. 如何引用单元格？什么时候需要引用单元格？

六、参照文件

1. 最终效果请参照“工程进度计划表.xlsx”。
2. 拓展训练效果请参照“工程进度计划表（扩展）.xlsx”。

任务3　员工工资结算表

一、任务简介

在计算机普及的今天，利用计算机使会计电算化已成为现实。使用专业的财务会计软件是最好的选择。但是，中小企业受专业水平和经济条件的限制，不便使用专业的财务会计软件。因此，利用现成的电子表格进行会计核算，能解决许多会计核算的电算化问题。

本任务选择了财务工作中最常见且容易理解的工资结算表作为素材，通过完成一系列数据处理、计算统计工作可达到如下主要学习目标。

1. 进一步深入学习和理解数据有效性设置。
2. 了解更高效的数据录入和修改技能。
3. 复习基本的数据计算方法，包括自动计算和使用自定义公式进行计算，并在此基础上了解相对地址及绝对地址。
4. 掌握打印及页面设置的方式。
5. 了解条件格式。

二、主要知识点索引

本任务所涉及的主要知识点如表4-3所示。

表4–3

序号	主要知识点	是否新知识
1	对齐和字体	否
2	直接输入数据	否
3	数据修改	否
4	数据格式及类型	否
5	初步应用自动计算及数据计算	否
6	自定义公式及引用	否
7	相对地址和绝对地址	是
8	边框和底纹	否
9	页面设置及打印	是
10	条件格式	是
11	工作簿和工作表的加密和保护	否

三、任务步骤

1. 打开工作簿“员工工资结算表（原始）.xlsx”，以“学号+姓名+e3.xlsx”为文件名将该工作簿另存到计算机桌面上。

以下操作都在“学号+姓名+e3.xlsx”的Sheet1工作表中进行，最终效果如图4-8所示。

八月实习工资结算表									
								税率:	15%
工号	**姓名**	**部门**	**职位**	**基本工资**	**奖金**	**应发工资**	**应扣税款**	**实发工资**	**银行账号**
01	李渐	工程部	助理	2600	1100	3700	555	3145	0000-1234-5678-9123-001
02	白成飞	工程部	助理	2750	1300	4050	607.5	3442.5	0000-1234-5678-9123-002
03	张力	**行政部**	**秘书**	2800	1240	4040	606	3434	0000-1234-5678-9123-003
04	马中安	工程部	助理	2500	1200	3700	555	3145	0000-1234-5678-9123-004
05	李敏新	工程部	助理	2580	1280	3860	579	3281	0000-1234-5678-9123-005
06	小米	**设计部**	助理	2700	1320	4020	603	3417	0000-1234-5678-9123-015
07	刘军	工程部	助理	2890	1520	4410	661.5	3748.5	0000-1234-5678-9123-016
08	丽君	工程部	助理	3000	1300	4300	645	3655	0000-1234-5678-9123-017
09	李静	**设计部**	助理	2900	1140	4040	606	3434	0000-1234-5678-9123-018
10	加以	工程部	助理	2610	1200	3810	571.5	3238.5	0000-1234-5678-9123-019
11	振东	工程部	助理	2780	1000	3780	567	3213	0000-1234-5678-9123-020
12	王晓伟	工程部	助理	2300	1650	3950	592.5	3357.5	0000-1234-5678-9123-021
13	高见	工程部	助理	2480	1700	4180	627	3553	0000-1234-5678-9123-022
14	小卡	**行政部**	**秘书**	2630	1520	4150	622.5	3527.5	0000-1234-5678-9123-023
15	张龙	**行政部**	**秘书**	2620	1300	3920	588	3332	0000-1234-5678-9123-024
16	李雷	工程部	助理	2860	1200	4060	609	3451	0000-1234-5678-9123-025
17	刘思思	工程部	助理	2360	1450	3810	571.5	3238.5	0000-1234-5678-9123-026
18	陆晓兵	工程部	助理	2910	1620	4530	679.5	3850.5	0000-1234-5678-9123-027
19	梁宁乐	工程部	助理	2600	1200	3800	570	3230	0000-1234-5678-9123-028
20	张乐军	工程部	助理	2500	1430	3930	589.5	3340.5	0000-1234-5678-9123-029
21	孙琳琳	工程部	助理	2310	1200	3510	526.5	2983.5	0000-1234-5678-9123-030
22	王恺风	工程部	助理	2450	1720	4170	625.5	3544.5	0000-1234-5678-9123-031
23	张维	工程部	助理	2710	1500	4210	631.5	3578.5	0000-1234-5678-9123-032
24	吴磊	工程部	助理	2650	1600	4250	637.5	3612.5	0000-1234-5678-9123-033
25	刘向东	**销售部**	助理	2650	1800	4450	667.5	3782.5	0000-1234-5678-9123-034
26	陆军	工程部	助理	2520	1430	3950	592.5	3357.5	0000-1234-5678-9123-035
27	欧静滢	工程部	助理	2590	1620	4210	631.5	3578.5	0000-1234-5678-9123-036
28	雷凌	工程部	助理	2800	1300	4100	615	3485	0000-1234-5678-9123-037
29	周思敏	工程部	助理	2650	1420	4070	610.5	3459.5	0000-1234-5678-9123-038
说明： 一、接集团通知，从本月开始财务室不再以现金方式发放工资，故所有员工必须上交个人身份证复印件及银行卡复印件； 二、新分配来的学员及毕业一年以内的实习生暂不发放津贴，一律在转正后一次性补发。									

图 4-8

2. 在“职位”一列输入数据，其中“秘书”设为加粗（除“张力”“小卡”“张龙”为秘书外，其他都是助理）。

3. 将单元格区域 H2：I2 中的数据移动至区域 I2：J2。

4. 将单元格 J2 中的“0.15”变为以百分数表示。

5. 表头行所有的单元格设为水平垂直居中对齐。

6. 利用函数 sum 计算各人的“应发工资”（应发工资为基本工资和奖金的总和）。

7. 利用公式计算各人的“应扣税款”（应扣税款=应发工资×税率）。

8. 利用公式计算各人的“实发工资”（实发工资=应发工资-应扣税款）。

9. 表格外边框设为红色粗线，内边框为黑色细线。

10. 将文本文件“文字稿.txt”中的文字复制到合并单元格 A33 中原来文字的下方（即另起一行粘贴）。

11. 页面设置为 A4 纸，上、下边距为 2.5 厘米，左、右边距为 1 厘米，水平居中，顶端标题行设为 1、2、3 行。进行预览，并调整至两页内打印。

12. 为 Sheet1 工作表作一个副本，名称为“备份”。在“备份”工作表中用条件格式将“实发工资”大于 3500 的数据用红色加粗字体显示。

13. 保存文件并提交给老师。

四、拓展训练

1. 使用任意模板新建一个工作簿，将该工作簿的结构加以保护，密码设为“123456”。

2. 将该工作簿以“学号+姓名+e3e.xlsx”为名保存到桌面上并发送给老师。

五、思考题

1. 什么是引用？什么是相对引用？什么是绝对引用？

2. 工作簿保护与工作簿加密有什么区别？

六、参照文件

1. 最终效果请参照“员工工资结算表.xlsx”。

2. 拓展训练效果请参照“员工工资结算表（扩展）.xlsx”。

任务 4 活动经费收支报表

一、任务简介

本任务以大学生较为熟悉的学生活动经费管理为案例，通过对素材进行数据填充和设置及统计计算等操作，达到如下主要学习目标。

1. 了解并掌握数据有效性的作用及方法。
2. 了解函数并掌握常用函数的使用方法。
3. 学会使用帮助文件学习新函数。
4. 复习条件格式的设置。
5. 学习数据的隐藏方法。
6. 了解单元格内自动换行的设置。

二、主要知识点索引

本任务所涉及的主要知识点如表 4-4 所示。

表 4–4

序号	主要知识点	是否新知识
1	数据有效性设置	是
2	直接输入数据	否
3	行和列的设置	否
4	对齐和字体	否
5	初步应用自动计算及数据计算	否
6	函数式的认识及常用函数的应用	是
7	自定义公式及引用	否
8	条件格式	否
9	工作表的基本操作	否
10	数据的自动填充	否
11	数据类型及格式	是

三、任务步骤

1. 打开工作簿“活动经费收支报表（原始）.xlsx”，以“班级+姓名+e4.xlsx” 为文件名将该工作簿另存到计算机桌面上。

【提示】以下操作都在“学号+姓名+e4.xlsx”工作簿中的“报表”工作表上完成，最终效果如图 4-9 所示。

2. 将单元格区域 D4：D12 的“数据验证”设置为-2000～2000 区间内的整数。

3. 在单元格区域 D4：D12 中依次输入如下数据序列：1200、600、-600、-200、-200、-100、

-300、-200、-300。

活动经费收支报表					
单位：元					2016年10月制
日期	收/支	项目	金额(元)	经手人	说明
20160901	收入	班费	¥1,200.00	姜暮烟	每人30元
20160912	收入	开心奶茶店赞助	¥600.00	姜暮烟	其中以奶茶券形式赞助200元
20160922	支出	场地费	(¥600.00)	柳时镇	丰收农家乐半天场地租赁费
20160922	支出	游戏道具	(¥200.00)	柳时镇	汽球3袋、打气筒2个、人形立牌10个
20160922	支出	音响租赁	(¥200.00)	柳时镇	音箱+扩音+话筒两个，租赁半天
20160922	支出	运输	(¥100.00)	柳时镇	运送音响
20160923	支出	食物	(¥300.00)	柳时镇	水果、瓜子、饼干、糖果
20160923	支出	饮料	(¥200.00)	柳时镇	凭奶茶券领取
20160924	支出	交通费	(¥300.00)	柳时镇	包大巴车一程
统计					
收入笔数	2		支出笔数	7	
收入总计	**¥1,800.00**		支出总计	**(¥1,900.00)**	
收入支出差额	**(¥100.00)**		收支状况	**超支**	

图 4-9

4. 试将D12单元格中的数据更改为-3000，检验“数据验证”设置是否成功。

5. 将单元格区域D4：D12的数据类型更改为货币，小数位数设为2，货币符号（国家/地区）设为“¥”，负数以加括号正值黑色字体表示。

6. 将单元格区域B4：B12的“数据验证”设置为序列：收入、支出，录入数据如图4-10所示。

日期	收/支	项目
20160901	收入	班费
20160912	收入	开心奶茶店赞助
20160922	支出	场地费
20160922	支出	游戏道具
20160922	支出	音响租赁
20160922	支出	运输
20160923	支出	食物
20160923	支出	饮料
20160924	支出	交通费

图 4-10

7. 取消单元格区域E4：E12的“数据验证”设置，录入数据如图4-11所示。

8. 将第4～12行的行高设置为自动调整行高。

9. 将单元格区域F2：F12设置为自动换行。

金额(元)	经手人
¥1,200.00	姜暮烟
¥600.00	姜暮烟
(¥600.00)	柳时镇
(¥200.00)	柳时镇
(¥200.00)	柳时镇
(¥100.00)	柳时镇
(¥300.00)	柳时镇
(¥200.00)	柳时镇
(¥300.00)	柳时镇

图 4-11

10. 分别统计收入和支出的笔数（使用函数 COUNTA）。

11. 分别统计收入和支出总计。

12. 计算收入支出差额（收入支出差额=收入总计+支出总计）。

13. 统计收支状况，如果收入支出差额大于等于零，则收入支出状况为“未超支”，否则为“超支”（使用函数 IF）。

14. 为合并单元格 B16 设置条件格式，若差额小于 0 则为红色字体。

15. 为合并单元格 E16 设置条件格式，若超支则为红色字体。

16. 为“报表”工作表建立一个副本，放在 Sheet2 工作表之前，并重命名为“明细”，然后将“明细”工作表中的第 13～16 行隐藏，如图 4-12 所示。

活动经费收支报表

单位：元　　2016年10月制

日期	收/支	项目	金额(元)	经手人	说明
20160901	收入	班费	¥1,200.00	姜暮烟	每人30元
20160912	收入	开心奶茶店赞助	¥600.00	姜暮烟	其中以奶茶券形式赞助200元
20160922	支出	场地费	(¥600.00)	柳时镇	丰收农家乐半天场地租赁费
20160922	支出	游戏道具	(¥200.00)	柳时镇	汽球3袋、打气筒2个、人形立牌10个
20160922	支出	音响租赁	(¥200.00)	柳时镇	音箱+扩音+话筒两个，租赁半天
20160922	支出	运输	(¥100.00)	柳时镇	运送音响
20160923	支出	食物	(¥300.00)	柳时镇	水果、瓜子、饼干、糖果
20160923	支出	饮料	(¥200.00)	柳时镇	凭奶茶券领取
20160924	支出	交通费	(¥300.00)	柳时镇	包大巴车一程

图 4-12

17. 保存并提交。

四、拓展训练

将文件“学号+姓名+e4.xlsx”另存为“学号+姓名+e4e.xlsx”，对“学号+姓名+e4e.xlsx”进行以下操作。

1. 在“明细”工作表中的单元格区域 D4：D12 设置出错警告，在该区域输入无效数据时显示出错警告，如图 4-13 所示。

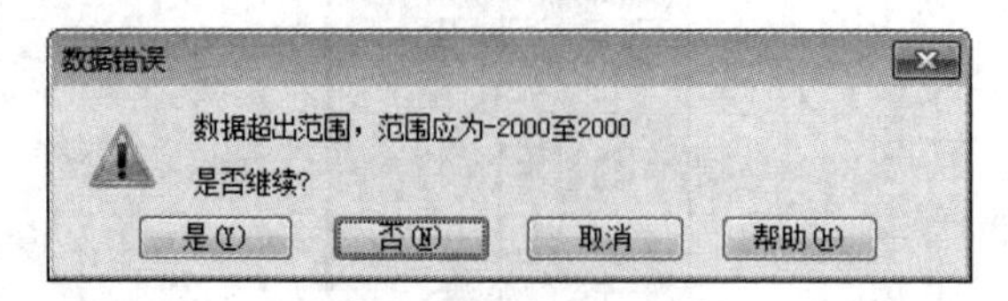

图 4-13

2. 增加自定义序列“场地费，游戏道具，音响租赁，运输，食物，饮料，交通费”，并在 Sheet2 工作表中的 C6 起始位置纵向自动填充该序列。

3. 保存并提交给老师。

五、思考题

1. 数据有效性设置有什么作用?
2. 常用函数有哪些?
3. 什么是参数?
4. 如何使用函数的帮助文件?
5. 函数 RANK、COUNTIF 如何使用?
6. 自定义序列有什么作用?

六、参照文件

1. 最终效果请参照“活动经费收支报表.xlsx”。
2. 拓展训练效果请参照“活动经费收支报表（扩展）.xlsx”。

任务 5　学生成绩统计表

一、任务简介

数据统计和数据计算是电子表格的核心功能，是实际工作中最常用的功能，也是电子表格模块的重点和难点。

本任务是专门针对数据统计和数据计算学习与练习的专题任务，以学生成绩表为素材，通过完成求总分、综合分、排名、及格率等操作，达到如下主要学习目标。

1. 巩固数据计算的基础，包括自动计算、使用自定义公式进行计算、相对地址和绝对地址和函数的使用。

2. 掌握复合函数的使用。

3. 学习竖排文字的设置。

二、主要知识点索引

本任务所涉及的主要知识点如表 4-5 所示。

表 4–5

序号	主要知识点	是否新知识
1	初步应用自动计算及数据计算	否
2	自定义公式及引用	否
3	数据格式及类型	否
4	函数式的认识及常用函数的应用	否
5	相对地址和绝对地址	否
6	复合计算	是
7	对齐和字体	否
8	单元格的保护	是
9	行和列的设置	否

三、任务步骤

1. 打开工作簿“……素材\第 4 章\4-任务 5\学生成绩统计表（原始）.xlsx”，以“学号+姓名+e5.xlsx”为文件名将该工作簿另存到计算机桌面上。

【提示】 以下操作都在“班级+姓名+e5.xlsx”工作簿中的“成绩表”工作表上完成，最终效果如图 4-14 所示。

2. 计算所有同学的总分。

3. 计算所有同学的综合分（综合分为各科成绩与系数的乘积之和，小数点后的位数设为 1）。

4. 根据综合分计算每位同学的排名（使用 RANK 函数）。

5. 根据综合分判断所有同学的等级，标准如下：>89 分为优秀，70～89 分为良好，60～69

分为及格，<60 分为不及格（嵌套使用 IF 函数）。

6. 计算各科成绩在 0～59 分数段的人数（使用 COUNTIF 函数）。
7. 计算各科其他分数段的人数。
8. 计算各科及格率（保留 1 位小数，COUNTIF、COUNT 两个函数复合应用）。
9. 将合并单元格 A25 中的文字设置为竖排文字。
10. 将各列列宽设为自动调整列宽。
11. 保存并提交。

学生成绩统计表

学号	姓名	性别	出生日期	高等数学	大学英语	思政	体育	总分	综合分	等级	排名
08120001	黄雷	男	1988/3/5	80	91	88	84	343	85.7	良好	5
08120002	张兰	女	1987/12/9	78	61	84	84	307	75.3	良好	16
08120003	李玲丽	女	1989/3/5	90	86	82	83	341	85.8	良好	4
08120004	高松宇	男	1988/4/7	88	77	84	84	333	83.1	良好	7
08120005	赵世玉	男	1989/5/23	23	69	74	82	248	58.8	不及格	20
08120006	黄立	男	1988/2/8	80	77	77	78	312	78.1	良好	13
08120007	王艳	女	1989/4/9	86	85	90	90	351	87.3	良好	2
08120008	梁美芬	女	1989/7/10	91	81	80	81	333	83.8	良好	6
08120009	汪洋	男	1989/8/3	78	66	87	77	308	76	良好	15
08120010	利肖文	男	1989/8/12	45	75	80	87	287	69.4	良好	18
08120011	刘军	男	1989/12/13	90	65	84	84	323	80.1	良好	10
08120012	邹文建	男	1989/9/1	88	71	81	82	322	80.3	良好	9
08120013	张家辉	男	1989/3/15	79	71	76	81	307	76.4	良好	14
08120014	唐朝	男	1989/8/16	93	89	90	87	359	90	优秀	1
08120015	彭明	男	1989/9/17	62	57	57	60	236	59.1	不及格	19
08120016	杨子江	男	1989/7/18	78	73	83	86	320	79.1	良好	11
08120017	林小朵	女	1989/5/19	75	85	80	86	326	81.2	良好	8
08120018	覃杰	男	1989/8/20	71	85	78	82	316	78.8	良好	12
08120019	李靖	男	1989/10/21	81	90	87	87	345	86.1	良好	3
08120020	江文	男	1987/3/22	65	75	81	85	306	75.2	良好	17
各科目综合分系数				0.3	0.3	0.2	0.2				
各分数段人数		0～59		2	1	1	0				
		60～69		2	4	0	1				
		70～79		6	7	4	2				
		80～89		6	6	13	16				
		90～100		4	2	2	1				
各科目及格率				90.0%	95.0%	95.0%	100.0%				

图 4-14

四、拓展训练

打开工作簿“成绩保护（原始）.xlsx”，将文件另存为“学号+姓名+e5e.xlsx”，对“学号+姓名+e5e.xlsx”进行以下操作。

1. 将“成绩表”中的单元格区域 E4：H23 加以保护（不能被编辑），密码设为“1”。
2. 保存并提交。

五、思考题

在单元格中出现的错误信息“#NAME？”“#DIV/0!”“#VALUE!”“#N/A”分别表示什么意思?

六、参照文件

1. 最终效果请参照“学生成绩统计表.xlsx”。
2. 拓展训练效果请参照“成绩保护（扩展）.xlsx”。

任务6　企业基本开销分析

一、任务简介

使用图表显示数据及数据间的关系有助于数据的分享和演示，因为数据图表化是电子表格中不可或缺的重要功能。

本任务是学习数据图表化的专题任务，涉及柱形图、折线图、饼图、复合图形等常用图表。通过完成将某企业的半年支出的数据进行图表化的任务，达到如下学习目标。

1. 了解常用的图表类型及图表内各对象的概念，掌握对图表的整体操作。
2. 深入了解数据与图表内各对象间的关系，并掌握数据选择及修改的方法和诀窍。
3. 掌握对图表进行个性化设置的方法。
4. 懂得复合图表的制作。

二、主要知识点索引

本任务所涉及的主要知识点如表4-6所示。

表4–6

序号	主要知识点	是否新知识
1	数据图表化	是
2	数据与图表	是
3	图表的个性化设置	是
4	复合图表	是
5	迷你图	是
6	数据修改	否

三、任务步骤

1. 打开工作簿“企业基本开销分析（原始）.xlsx”，以“学号+姓名+e6.xlsx” 为文件名将该工作簿另存到计算机桌面上。

【提示】以下操作都在“学号+姓名+e6.xlsx”工作簿中的Sheet1工作表上完成。

2. 删除工作表中原有的“税费”堆积图。
3. 将隐藏的F列和K列取消隐藏。
4. 建立图4-15所示的支出总和的簇状柱形图并嵌入Sheet1工作表中。
5. 建立图4-16所示的各月份工资支出的点折线图（带数据标记的折线图），并嵌入Sheet1工作表中。
6. 建立图4-17所示的各项总支出占比的饼图，并嵌入Sheet1工作表中，图表区填充纯色背景“白色，背景1，深色15%”。

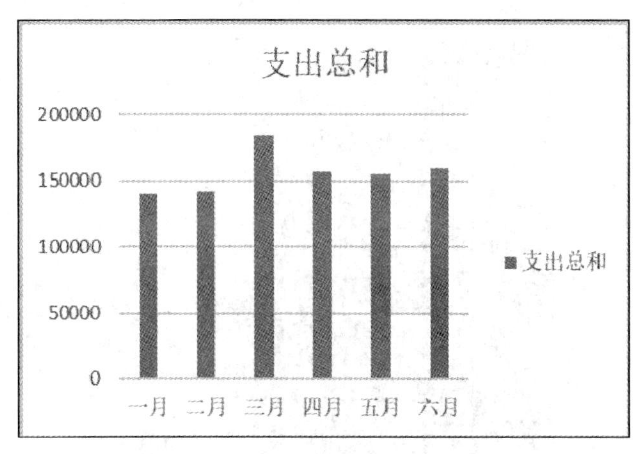

图 4-15

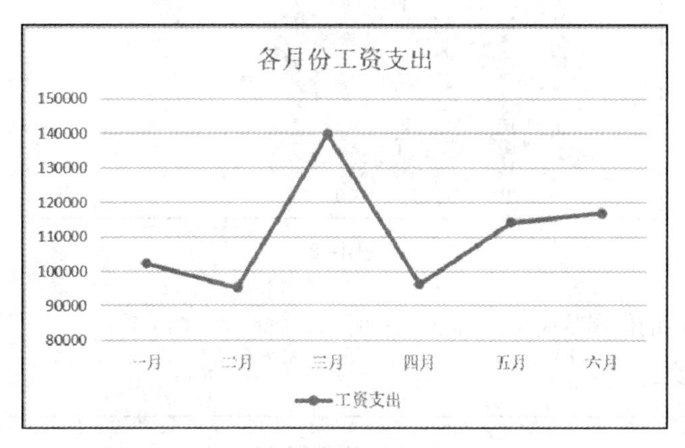

图 4-16

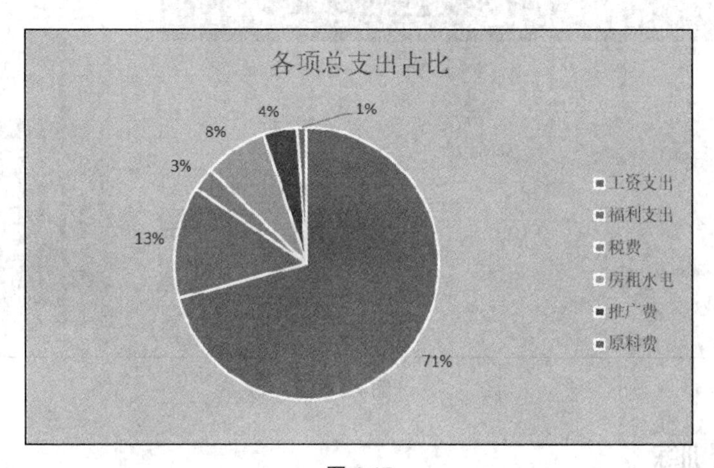

图 4-17

7. 建立图 4-18 所示的表示支出总和及人力资源支出占比对比的图形，其中支出总和使用簇状柱形图表示，人力资源支出占比使用点折线图表示，将其嵌入 Sheet1 工作表中，绘图区填充纯色背景“浅灰色，背景 2，深色 10%”。

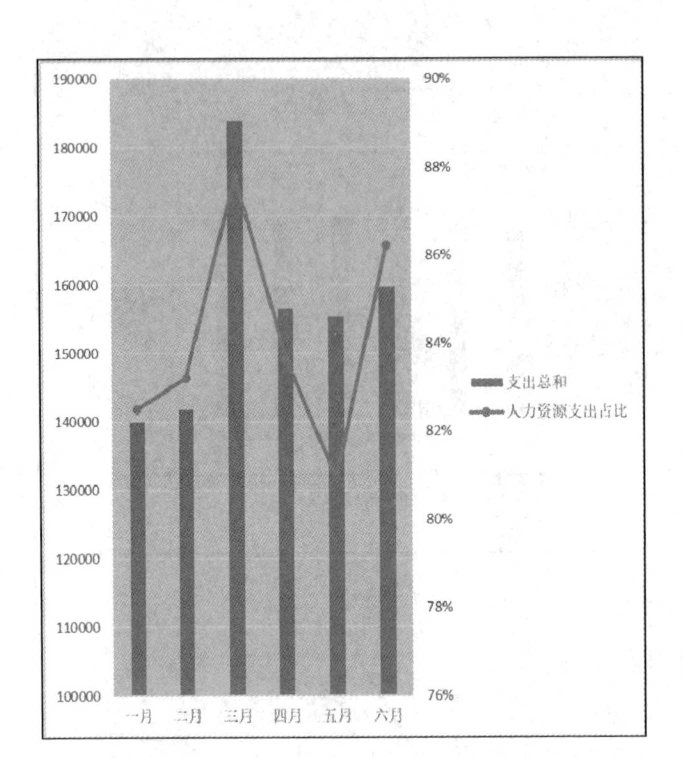

图 4-18

8. 调整 4 个图的位置及大小，如图 4-19 所示。
9. 保存并提交。

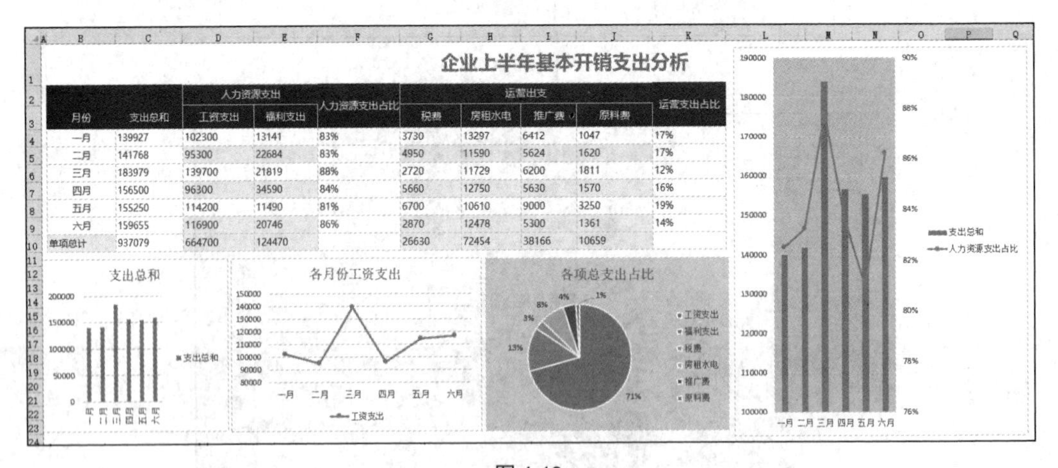

企业上半年基本开销支出分析

月份	支出总和	人力资源支出		人力资源支出占比	运营出支				运营支出占比
		工资支出	福利支出		税费	房租水电	推广费	原料费	
一月	139927	102300	13141	83%	3730	13297	6412	1047	17%
二月	141768	95300	22684	83%	4950	11590	5624	1620	17%
三月	183979	139700	21819	88%	2720	11729	6200	1811	12%
四月	156500	96300	34590	84%	5660	12750	5630	1570	16%
五月	155250	114200	11490	81%	6700	10610	9000	3250	19%
六月	159655	116900	20746	86%	2870	12478	5300	1361	14%
单项总计	937079	664700	124470		26630	72454	38166	10659	

图 4-19

四、拓展训练

打开工作簿“企业基本开销分析（原始）.xlsx”，以“学号+姓名+e6e.xlsx”为名另存到计算机桌面上，在工作表“扩展”中完成如下操作，最终效果如图 4-20 所示。

1. 在六月支出记录后插入一行空白行。
2. 在空白行上为各项支出制作迷你图，类型为柱形图，并显示高点。

3. 保存并提交。

企业上半年基本开销支出分析						
月份	人力资源支出		运营出支			
	工资支出	福利支出	税费	房租水电	推广费	原料费
一月	102300	13141	3730	13297	6412	1047
二月	95300	22684	4950	11590	5624	1620
三月	139700	21819	2720	11729	6200	1811
四月	96300	34590	5660	12750	5630	1570
五月	114200	11490	6700	10610	9000	3250
六月	116900	20746	2870	12478	5300	1361
单项总计	664700	124470	26630	72454	38166	10659

图 4-20

五、思考题

1. 常用的图表类型有哪些？如何选择图表类型？图表内有哪些对象？
2. 制作图表时应如何选择数据？若需更改数据要如何操作？

六、参照文件

1. 最终效果请参照“企业基本开销分析.xlsx”。
2. 拓展训练效果请参照“企业基本开销分析（扩展）.xlsx”。

任务7　销售情况分析

一、任务简介

数据分析是工作与学习中经常遇到的一个问题。可以进行数据分析的工具有很多，与SAS、SPSS等专业工具相比，Excel更为易学易用，虽然功能较简单但也可以满足大部分中小型企业工作中数据分析需求。

本任务以某公司办公用品销售记录为素材，通过完成简单的数据分析任务，达到如下学习目标。

1. 掌握简单的数据分析功能，包括排序、分类汇总和筛选等。
2. 了解掌握数据透视表的作用和使用方法。
3. 巩固复合图表的相关知识和技能。
4. 进一步学习页面设置的方法。
5. 了解VLOOKUP、SUMIF等更高级函数的应用，巩固函数的相关知识。
6. 了解函数的进阶使用。

二、主要知识点索引

本任务所涉及的主要知识点如表4-7所示。

表4–7

序号	主要知识点	是否新知识
1	复合图表	否
2	数据图表化	否
3	排序	是
4	自动筛选	是
5	简单分类汇总	是
6	数据透视表	是
7	页面设置及打印	否
8	函数进阶	是
9	数据分析的基本知识	是

三、任务步骤

1. 打开工作簿“销售情况分析（原始）.xlsx”，以“学号+姓名+e7.xlsx”为文件名将该工作簿另存到计算机桌面上。

2. 在“原始”工作表中建立图4-21所示的复合图表。

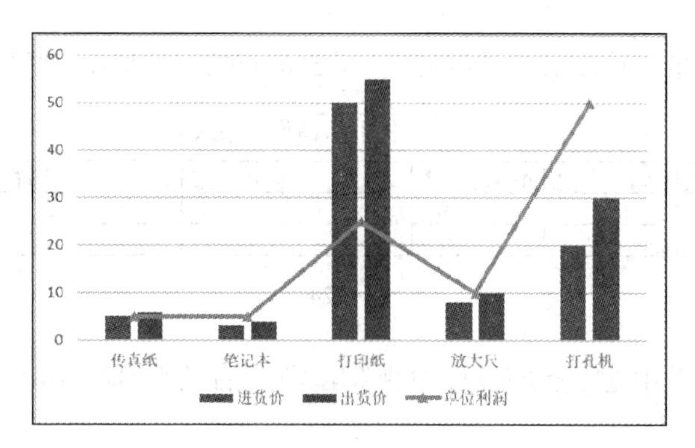

图 4-21

3. 插入一个新工作表，将其命名为“图表”，将“原始”工作表中的图复制到“图表”工作表中。

4. 将“按列排序”工作表中的数据按销售额降序排序，如图 4-22 所示。

办公用品销售记录表								
季度	用品名称	销售人员	销售数量	单位	进货价（元）	出货价（元）	利润（元）	销售额（元）
三季度	打印纸	金明山	400	盒	50	55	2000	22000
二季度	打印纸	金明山	350	盒	50	55	1750	19250
一季度	笔记本	金明山	2500	本	3	4	2500	10000
一季度	打印纸	罗俊逸	150	盒	50	55	750	8250
三季度	笔记本	罗俊逸	1600	本	3	4	1600	6400
四季度	传真纸	李勇	800	筒	5	6	800	4800
四季度	笔记本	张小文	1000	本	3	4	1000	4000
二季度	传真纸	金明山	550	筒	5	6	550	3300
一季度	传真纸	张小文	300	筒	5	6	300	1800
四季度	打孔机	罗俊逸	30	台	20	30	300	900
二季度	放大尺	李勇	60	把	8	10	120	600
二季度	打孔机	罗俊逸	20	台	20	30	200	600
四季度	放大尺	张小文	50	把	8	10	100	500

图 4-22

5. 将“多关键字排序”工作表中的数据以“利润”为主要关键字，以“销售额”为次要关键字降序排序，如图 4-23 所示。

办公用品销售记录表								
季度	用品名称	销售人员	销售数量	单位	进货价（元）	出货价（元）	利润（元）	销售额（元）
一季度	笔记本	金明山	2500	本	3	4	2500	10000
三季度	打印纸	金明山	400	盒	50	55	2000	22000
二季度	打印纸	金明山	350	盒	50	55	1750	19250
三季度	笔记本	罗俊逸	1600	本	3	4	1600	6400
四季度	笔记本	张小文	1000	本	3	4	1000	4000
四季度	传真纸	李勇	800	筒	5	6	800	4800
一季度	打印纸	罗俊逸	150	盒	50	55	750	8250
二季度	传真纸	金明山	550	筒	5	6	550	3300
一季度	传真纸	张小文	300	筒	5	6	300	1800
四季度	打孔机	罗俊逸	30	台	20	30	300	900
二季度	打孔机	罗俊逸	20	台	20	30	200	600
二季度	放大尺	李勇	60	把	8	10	120	600
四季度	放大尺	张小文	50	把	8	10	100	500
总计							11970	82400

图 4-23

6. 在“自动筛选”中筛选出二季度利润大于 500 元的办公用品，如图 4-24 所示。

办公用品销售记录表								
季度	用品名称	销售人员	销售数量	单位	进货价（元）	出货价（元）	利润（元）	销售额（元）
二季度	打印纸	金明山	350	盒	50	55	1750	19250
二季度	传真纸	金明山	550	筒	5	6	550	3300

图 4-24

7. 在“分类汇总”中进行分类汇总：分别求出不同用品的平均利润和平均销售额，如图 4-25 所示。

	A	B	C	D	E	F	G	H	I
1	办公用品销售记录表								
2	季度	用品名称	销售人员	销售数量	单位	进货价(元)	出货价(元)	利润(元)	销售额(元)
3	一季度	笔记本	金明山	2500	本	3	4	2500	10000
4	三季度	笔记本	罗俊逸	1600	本	3	4	1600	6400
5	四季度	笔记本	张小文	1000	本	3	4	1000	4000
6		**笔记本 平均值**						1700	6800
7	一季度	传真纸	张小文	300	筒	5	6	300	1800
8	二季度	传真纸	金明山	550	筒	5	6	550	3300
9	四季度	传真纸	李勇	800	筒	5	6	800	4800
10		**传真纸 平均值**						550	3300
11	二季度	打孔机	罗俊逸	20	台	20	30	200	600
12	四季度	打孔机	罗俊逸	30	台	20	30	300	900
13		**打孔机 平均值**						250	750
14	一季度	打印纸	罗俊逸	150	盒	50	55	750	8250
15	二季度	打印纸	金明山	350	盒	50	55	1750	19250
16	三季度	打印纸	金明山	400	盒	50	55	2000	22000
17		**打印纸 平均值**						1500	16500
18	二季度	放大尺	李勇	60	把	8	10	120	600
19	四季度	放大尺	张小文	50	把	8	10	100	500
20		**放大尺 平均值**						110	550
21		**总计平均值**						920.7692	6338.462
22				平均				939.4118	6455.882
23									

图 4-25

8. 在“数据透视表（初步）”中利用数据区域 A2 : I15 作为源数据区域，以 A20 为初始位置建立数据透视表，如图 4-26 所示。

季度	（全部）					
求和项:利润	列标签					
行标签	笔记本	传真纸	打孔机	打印纸	放大尺	总计
金明山	2500	550		3750		6800
李勇		800			120	920
罗俊逸	1600		500	750		2850
张小文	1000	300			100	1400
总计	5100	1650	500	4500	220	11970

图 4-26

9. 以“数据透视表源数据（进阶）”工作表中所有的考生数据为源数据，生成各专业不同考生类别的高考总分最高分数据透视表，存放在“数据透视表大表格”B2 起始的区域，如图 4-27 所示。

最大值项:高考总分	列标签				
行标签	城市往届	城市应届	农村往届	农村应届	总计
文秘		624		597	624
物联网应用技术	645	684		714	714
物流管理	562	654		735	735
物业管理	842	696	725	778	842
营销与策划	595	673	508	772	772
应用电子技术		771	649	677	771
应用日语		603		718	718
应用英语	481	667	692	746	746
总计	842	771	725	778	842

图 4-27

10. 对“分类汇总”工作表进行页面设置：水平居中，页眉设为“办公用品销售汇总”并居中，页脚加入当前日期并右对齐。

11. 保存并提交。

四、拓展训练

将文件“学号+姓名+e7.xlsx”另存为“学号+姓名+e7e.xlsx”，对“学号+姓名+e6e.xlsx”进行以下操作。

1. 在“函数统计”工作表中使用 VLOOKUP 函数将“办公用品销售记录表”中的“单位”“进货价”“出货价”填写完整 ，并计算利润和销售额。效果如图 4-28 所示。

办公用品销售记录表								
季度	用品名称	销售人员	销售数量	单位	进货价（元）	出货价（元）	利润（元）	销售额（元）
一季度	传真纸	张小文	300	筒	5	6	300	1800
一季度	笔记本	金明山	2500	本	3	4	2500	10000
一季度	打印纸	罗俊逸	150	盒	50	55	750	8250
二季度	放大尺	李勇	60	把	8	10	120	600
二季度	打印纸	金明山	350	盒	50	55	1750	19250
二季度	打孔机	罗俊逸	20	台	20	30	200	600
二季度	传真纸	金明山	550	筒	5	6	550	3300
三季度	笔记本	罗俊逸	1600	本	3	4	1600	6400
三季度	打印纸	金明山	400	盒	50	55	2000	22000
四季度	放大尺	张小文	50	把	8	10	100	500
四季度	打孔机	罗俊逸	30	台	20	30	300	900
四季度	传真纸	李勇	800	筒	5	6	800	4800
四季度	笔记本	张小文	1000	本	3	4	1000	4000

图 4-28

2. 在“函数统计”工作表中，使用 SUMIF 函数在“年度个人销售总计”表中统计出每位销售人员一整年的利润及销售额总计，如图 4-29 所示。

年度个人销售总计		
销售人员	总利润（元）	总销售额（元）
张小文	1400	6300
金明山	6800	54550
罗俊逸	2850	16150
李勇	920	5400

图 4-29

3. 保存并提交。

五、思考题

1. 数据分析有什么作用?
2. 如何按行排序?
3. 分类汇总分为几个步骤?
4. 进行数据分析时如何选定数据?
5. 数据透视表的作用是什么?

六、参照文件

1. 最终效果请参照“销售情况分析.xlsx”。
2. 拓展训练效果请参照“销售情况分析（扩展）.xlsx”。

任务 8　考生信息库

一、任务简介

在日常工作中常遇到需要对大量数据进行处理的情况，Excel 提供了便于对大量数据进行操作的快捷键及其他便捷工具。

本任务需要完成对 14000 条数据的基本格式设置、基本统计和基本分析，最终达到以下学习目标。

1. 掌握快捷键，特别是选定大量数据的快捷键操作。
2. 了解并掌握自定义名称的意义及使用方法。
3. 了解电子表格中的样式及使用方法。
4. 进一步巩固数据透视表。
5. 了解切片器的使用。
6. 掌握工作簿及工作表的加密及保护操作。
7. 了解工作表拆分。

二、主要知识点索引

本任务所涉及的主要知识点如表 4-8 所示。

表 4–8

序号	主要知识点	是否新知识
1	电子表格中常用的快捷键	否
2	边框和底纹	否
3	样式	是
4	行和列的设置	否
5	函数式的认识及常用函数的应用	否
6	使用单元名称	是
7	复合计算	否
8	数据透视表	否
9	切片器	否
10	工作簿和工作表的加密和保护	否
11	单元格的保护	否
12	工作表窗口的拆分和冻结	否

三、任务步骤

1. 打开工作簿“考生信息库（原始）.xlsx”，以“学号+姓名+e8.xlsx”为名另存到计算机桌面上。

2. 在“考生信息”工作表中进行如下操作。

（1）为表格加上红色粗线外边框。

（2）“套用表格样式”—“中等色”—“橄榄色，表样式中等深浅 4”。

（3）表头行行高设为 30。

（4）除表头行外，其余各行行高设为 25。

3. 在“考生信息统计”工作表中进行如下操作，效果如图 4-30 所示。

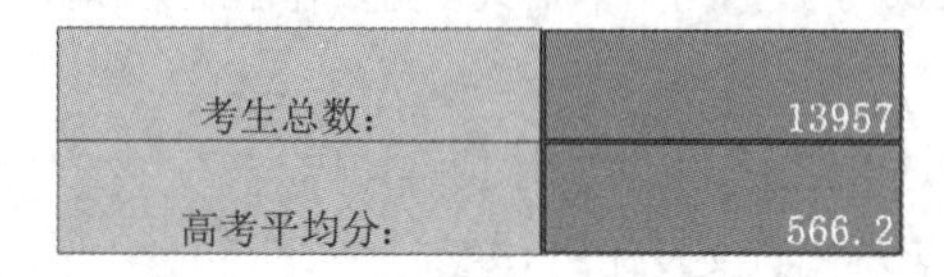

图 4-30

（1）在单元格 B2 中计算出考生总数，在单元格 B3 中计算出高考平均分（尝试直接引用及使用自定义名称两种方法）。

（2）单元格区域 A2：A3 套用单元格样式：输入。区域 B2：B3 套用单元格样式：检查单元格。

4. 在“生源质量分析”工作表中进行如下操作。

（1）以“考生信息”工作表中所有的考生数据为源数据，生成表示不同专业、不同科类的考生高考平均分的数据透视表，存放在 B2 起始的区域，数据保留 1 位小数，如图 4-31 所示。

高考平均分	列标签									
行标签	单独考试	理工	体育(理)	体育(文)	外语(理)	外语(文)	文史	艺术(理)	艺术(文)	总计
城市轨道交通控制	456.0	585.1	548.7		645.5			557.1		580.6
城市轨道交通运营管理		578.6	550.2				582.0	552.0		573.9
畜牧兽医	480.0	544.3	536.1				570.3	532.6	541.5	550.4
电气自动化技术	388.0	541.7	526.4		668.5		579.6	554.9	570.3	550.9
电子商务	433.2	564.4	523.0	666.0			593.6	519.0	583.2	574.1
电子信息工程技术	487.0	549.5	551.0				588.4	557.3	576.2	557.2
动漫设计与制作	469.7	557.7	570.8				574.2	543.4	553.1	559.5
法律事务		548.5	527.0				584.2	553.0	551.2	572.8
服装设计	374.2	564.9					580.8	546.3	571.7	561.0
工程造价		557.8	534.4				593.2	562.6	583.7	572.3
工商企业管理	383.9	556.2	523.8			645.5	581.1	563.8	584.7	566.7
工业环保与安全技术		545.4	579.0				613.5	610.5	560.0	578.6
工业设计	380.0	558.0	538.0				579.5	547.2	568.7	564.3
广告设计与制作	403.7	549.8	538.8				580.2	531.7	569.6	563.4
会计		567.0	541.9				626.5	568.9	604.4	597.8
会计电算化	433.1	571.2	516.5		684.3	669.3	590.8	563.5	579.4	577.9
计算机网络技术	391.6	546.6	509.8				567.0	534.3	555.3	549.7
计算机系统维护	383.5	532.2	464.0				550.8			523.2
计算机信息管理		548.1					553.6		557.5	552.1
计算机应用技术	397.7	550.7	517.0				581.5	552.9	593.7	556.7
建筑工程技术	380.0	557.2	545.0		609.7	638.0	579.4	543.1	581.8	561.3
连锁经营管理	406.3	544.2	532.4				578.3	517.0	568.9	561.0
汽车技术服务与营销	432.3	551.4	533.2				569.8	575.7	582.9	561.3
汽车运用技术	388.8	547.1	536.7				609.0	543.7	627.5	551.3
软件技术	380.0	564.3	536.3				575.6	547.4	595.0	566.9
商务英语	416.0	575.2	593.0				612.6	577.0	590.2	590.6
食品营养与检测	387.0	554.7	545.7		639.0		576.8	544.7	589.0	563.6
市场营销	410.4	552.4	535.8				586.1	526.6	581.8	567.9
室内设计技术	403.4	562.4	549.4			619.0	591.6	534.6	569.4	566.4
饲料与动物营养		550.7	559.0				589.9	527.5	512.0	557.7
图形图像制作		549.4					511.7	531.8	560.7	537.3
文秘	370.0	535.5					567.3	580.0	563.8	558.3
物联网应用技术		583.0					594.3		599.3	589.9
物流管理	426.3	557.1	537.8				586.6	548.8	572.3	573.0
物业管理	385.0	554.4	525.9				574.0	510.0	560.1	561.5
营销与策划		545.9	500.0				575.2	541.9	582.4	561.1
应用电子技术	491.5	551.3	533.3				567.4	570.8	571.5	551.5
应用日语		554.3					615.3	511.0	573.0	586.8
应用英语	389.0	559.4					617.7	630.0	570.5	586.0
总计	**410.2**	**557.5**	**537.6**	**666.0**	**651.7**	**653.1**	**584.7**	**547.2**	**574.1**	**566.2**

图 4-31

（2）为“民族”字段添加一个切片器，效果如图 4-32 所示。

图 4-32

（3）在切片器中选择“汉族”，使数据透视表变化，效果如图 4-33 所示。

高考平均分	列标签								
行标签	单独考试	理工	体育(理)	外语(理)	外语(文)	文史	艺术(理)	艺术(文)	总计
城市轨道交通控制		508.5							508.5
城市轨道交通运营管理		496.0				582.0			539.0
畜牧兽医		515.0					522.0		518.5
电气自动化技术		528.0				698.0			613.0
电子商务						566.0	476.0		521.0
电子信息工程技术		599.0							599.0
动漫设计与制作		542.0							542.0
法律事务						569.0			569.0
服装设计		506.0				545.0			525.5
工程造价		579.0	501.0						540.0
工商企业管理		539.0				633.0			586.0
工业环保与安全技术		537.0				578.0			557.5
工业设计						583.0		614.0	598.5
广告设计与制作	382.0	541.0							461.5
会计		555.1				628.8		564.0	605.3
会计电算化	433.1	571.1	516.5	684.3	669.3	590.8	563.5	579.4	577.9
计算机网络技术	391.6	545.0	509.8			566.2	534.3	555.3	548.6
计算机系统维护	383.5	531.6	464.0			550.8			522.6
计算机信息管理		540.9				552.5		557.5	549.1
计算机应用技术	397.7	550.3	517.0			581.5	552.9	593.7	556.5
建筑工程技术	380.0	557.1	545.0	609.7	638.0	579.4	543.1	581.8	561.3
连锁经营管理	406.3	543.9	523.9			578.3	517.0	568.9	560.9
汽车技术服务与营销	432.3	550.5	533.2			569.8	575.7	582.9	560.9
汽车运用技术	388.8	546.9	536.7			609.4	543.7	627.5	551.0
软件技术	380.0	564.4	536.3			575.6	547.4	595.0	566.9
商务英语	416.0	576.1	593.0			612.6	577.0	590.2	591.2
食品营养与检测	387.0	554.0	545.7	639.0		576.8	544.7	589.0	563.3
市场营销	410.4	552.5	535.8			585.9	526.6	581.8	567.9
室内设计技术	403.4	562.4	549.4		619.0	591.6	534.6	569.4	566.4
饲料与动物营养		549.7	559.0			587.1	527.5	512.0	556.1
图形图像制作		553.3				511.7	531.8	560.7	538.0
文秘	370.0	535.5				567.3	646.0	563.8	558.5
物联网应用技术		582.1				596.4		599.3	590.3
物流管理	426.3	557.0	537.8			586.6	548.8	572.3	572.9
物业管理	385.0	553.6	525.9			573.7	510.0	560.1	561.0
营销与策划		544.7	500.0			574.9	541.9	582.4	560.4
应用电子技术	491.5	550.4	533.3			567.4	570.8	571.5	550.9
应用日语		553.0				622.9	511.0	573.0	590.9
应用英语	389.0	575.6				635.6		590.7	593.9
总计	**409.8**	**555.4**	**536.6**	**649.3**	**655.7**	**582.3**	**542.5**	**573.5**	**564.1**

图 4-33

5. 保存并提交。

四、拓展训练

将文件“学号+姓名+e8.xlsx”另存为“学号+姓名+e8e.xlsx”，对“学号+姓名+e8e.xlsx”进行以下操作。

1. 将工作簿的打开密码设为“1”。
2. 将工作表“考生信息”加以保护（不能被编辑），密码设为“2”。
3. 将工作表“考生信息统计”中的A2：B3区域加以保护（不能被编辑），密码设为“3”。
4. 在“考生信息”工作表中将工作表拆分为上下两个窗口，对信息进行对比查看。
5. 保存并提交。

五、思考题

1. 大表格操作的快捷键有哪些？
2. 如何自定义表格和单元格样式？
3. 切片器有什么作用？
4. 可不可以对整个工作簿进行保护？
5. 工作簿加密的方法有哪些？
6. 如何取消工作表的拆分？
7. 函数中直接引用和使用自定义名称有什么区别？
8. 数据透视表对大量数据分析有何作用？

六、参照文件

任务最终总体效果请参照“考生信息库（参照）.xlsx”。

综合训练

一、表格操作1

打开工作簿文件Excel1.xlsx，按照下列要求完成操作后保存。

1. 将Sheet1工作表的A1：E1单元格区域合并为一个单元格，内容水平居中。

2. 计算“成绩”列的内容，按成绩的降序次序计算“成绩排名”列的内容（利用RANK.EQ函数，降序）。

3. 将A2：E7数据区域设置为套用表格格式“表样式中等深浅9”。

4. 选取“学号”和“成绩排名”列（E2：E17）数据区域的内容建立“簇状柱形图”，图表标题为“成绩统计图”。

5. 将图表移动到工作表的A20：E36单元格区域内，将工作表命名为“成绩统计表”。

二、表格操作 2

打开工作簿文件 Excel2.xlsx，按照下列要求完成操作后保存。

1. 对工作表“图书销售情况表”内数据清单的内容进行筛选，条件为“第三季度社科类和少儿类图书”。

2. 对筛选后的数据清单按主要关键字“销售量排名”的升序次序和次要关键字“图书类别”的升序次序进行排序，工作表名不变。

三、表格操作 3

打开工作簿文件 Excel3.xlsx，按照下列要求完成操作后保存。

1. 将 Sheet1 工作表的 A1：F1 单元格合并为一个单元格，内容设为水平居中。

2. 按统计表第 2 行中每个成绩所占比例计算“总成绩”列的内容（数值型，保留小数点后 1 位），按总成绩的降序次序计算“成绩排名”列的内容（利用 RANK.EQ 函数）。

3. 利用条件格式将 F3：F17 区域设置为渐变填充红色数据条。

4. 选取“选手号”列（A2：A17）和“总成绩”列（E2：E17）数据区域的内容建立簇状条形图”，图表标题为“竞赛成绩统计图”，图例位于底部；将图表移动到工作表的 A19：F35 单元格区域内，将工作表命名为“竞赛成绩统计表”。

四、表格操作 4

打开工作簿文件 Excel4.xlsx，按照下列要求完成操作后保存。

1. 对工作表“产品销售情况表”内数据清单的内容进行筛选，条件为“第 1 分店和第 2 分店且销售排名在前 15 名”（请用“小于或等于”）。

2. 对筛选后的数据清单按主要关键字“销售排名”的升序次序和次要关键字“分店名称”的升序次序进行排序，工作表名不变。

五、表格操作 5

打开工作簿文件 Excel5.xlsx，按照下列要求完成操作后保存。

1. 将工作表 Sheet1 的 A1：E1 单元格区域合并为一个单元格，内容水平居中。

2. 计算“销售额”列的内容（销售额=单价×销售数量）。

3. 计算 G4：I8 单元格区域内各种产品的销售额（利用 SUMIF 函数）、销售额的总计和所占百分比（百分比型，保留小数点后 2 位）。

4. 将工作表命名为“年度产品销售情况表”。

5. 选取 G4：I7 单元格区域内的“产品名称”列和“所占百分比”列单元格的内容建立“三维饼图”，图表标题为“产品销售图”，移动到工作表的 A13：G28 单元格区域内。

六、表格操作 6

打开工作簿文件 Excel6.xlsx，按照下列要求完成操作后保存。

1. 打开工作表“图书销售情况表”内数据清单的内容。

2. 在现有工作表的 I6：N11 单元格区域内建立数据透视表，行标签为“图书类别”，列标签为“季度”，求和项为“销售额”，工作表名不变。

七、表格操作 7

打开工作簿文件 Excel7.xlsx，按照下列要求完成操作后保存。

1. 将工作表 Sheet1 的 A1：E1 单元格区域合并为一个单元格，内容设为水平居中。

2. 计算“维修件数所占比例”列（维修件数所占比例=维修件数/销售数量，百分比型，保留小数点后 2 位）。

3. 利用 IF 函数给出“评价”列的信息，维修件数所占比例的数值大于 10%，在“评价”列内给出“一般”信息，否则给出“良好”信息。

4. 选取“产品型号”列和“维修件数所占比例”列单元格的内容建立“三维簇状柱形图”，图表标题为“产品维修件数所占比例图”，将图表移动到工作表 A19：F34 单元格区域内，将工作表命名为“产品维修情况表”。

八、表格操作 8

打开工作簿文件 Excel8.xlsx，按照下列要求完成操作后保存。

1. 对工作表“选修课程成绩单”内数据清单的内容按主要关键字“系别”的升序、次要关键字“课程名称”的升序进行排序。

2. 对排序后的数据进行分类汇总，分类字段为“系别”，汇总方式为“平均值”，汇总项为“成绩”，汇总结果显示在数据下方，工作表名不变。